増補改訂版

スイッチング電源設計基礎技術

イラストでよくわかる
電源回路の理論と実践

前坂昌春 著
町野利道 監修

誠文堂新光社

はじめに ―増補改訂にあたって―

　このたび，本書『増補改訂版』出版のお話をいただいたのは身に余る光栄です．平成最後の年に出版することができ，嬉しく思います．

　これから電源設計に携わる方への入門書，そして解き方をうっかり忘れたベテランの方にも便利にご活用いただけるように考慮して執筆いたしました．

　実は35年にわたり電源回路の解き方を書き貯めてきたノートを前作の出版に伴い破棄しました．それ以来，私もこの本を手元に置いて，破れるほど活用しています．まさに「狙い通りの便利なハンドブックになった」と自負しています．

　しかし，活用する中で不備も見つかり気になっていた折，出版社から「増補改訂版を出版しませんか」とのお話をいただき，渡りに船で快諾させていただきました．

　「力率改善回路」が一般的な回路となった現在，力率改善が規格化される前から携わってきた私が試行錯誤してきた道程を説明することが，古くからこの方式に携わってきた者の使命と感じました．この回路を新しく学ぶ方が私と同じ失敗を繰り返さないよう，現在の方式を選択した理由をわかってもらうため，新たに第13章を加えました．

　私も定年を迎える年齢となり，私が培った技術を若い技術者へ伝える義務があると感じ，本書に心血を注いできました．

　初版を購入された読者の方々にも，この『増補改訂版』を，永らくお使いいただければ幸いです．

前坂 昌春

CONTENTS

イラストでよくわかる電源回路の理論と実践
スイッチング電源設計基礎技術

はじめに ―増補改訂にあたって― ……………………………… 前坂昌春 … 2

第1章 スイッチング電源とは ……………………………………… 11
1-1	スイッチング電源に使われる部品 …………………………… 12
1-2	コンデンサー ………………………………………………… 13
1-3	コイル ………………………………………………………… 17
1-4	スイッチ素子 ………………………………………………… 21
1-5	ダイオード …………………………………………………… 23
1-6	電圧源 ………………………………………………………… 24
1-7	電流源 ………………………………………………………… 25
1-8	スイッチング電源の基本動作 ………………………………… 26
1-9	スイッチング電源の基本的な種類 …………………………… 29
1-10	スイッチング電源の絶縁方法 ………………………………… 31

第2章 スイッチング電源の種類 …………………………………… 33
2-1	直流安定化電源 ……………………………………………… 34
2-2	交流安定化電源 ……………………………………………… 36
2-3	交流入力電圧 ………………………………………………… 37
2-4	出力電圧 ……………………………………………………… 38
2-5	出力電力 ……………………………………………………… 39
2-6	第3章から設計する電源の紹介 ……………………………… 40

第3章 入力部の設計 ………………………………………………… 43
3-1	入力電流計算 ………………………………………………… 44
3-1-1	入力電力 P_i ………………………………………… 44

3-1-2	入力電流最大時の実効値 $I_{rms\ max}$	44
3-1-3	入力電流最大時の平均値 I_{ave}	45
3-1-4	入力電流最大時のピーク値 $I_{peak\ max}$	46

- **3-2** 入力コネクターCN$_1$ ········· 47
- **3-3** ヒューズ F$_{11}$ ········· 48
- **3-4** 相間コンデンサー C_{11} ········· 49
- **3-5** 放電抵抗 R_{24} ········· 50
- **3-6** ラインフィルター L_{11} ········· 51
  - 3-6-1 損失計算 ········· 51
  - 3-6-2 飽和計算 ········· 52
- **3-7** 入力整流器 SS$_{11}$ ········· 54
- **3-8** パワーサーミスターTH$_{11}$ ········· 56
- **3-9** 接地コンデンサーC_{13}, C_{16} ········· 58
- **3-10** 入力電解コンデンサーC_{15} ········· 61

第4章 出力トランス ········· 65

- **4-1** 構成部品 ········· 66
  - 4-1-1 巻　線 ········· 66
  - 4-1-2 コア ········· 67
  - 4-1-3 絶縁テープ ········· 68
- **4-2** 銅　損 ········· 69
- **4-3** 鉄　損 ········· 70
  - 4-3-1 ヒステリシス損失 ········· 70
  - 4-3-2 渦電流損失 ········· 70
  - 4-3-3 残留損失 ········· 70
- **4-4** 設計 (LCA75S-12) ········· 71
  - 4-4-1 コアサイズを決める ········· 71
  - 4-4-2 1次巻線Pを決める ········· 72
  - 4-4-3 2次巻線Sを決める ········· 74

| 4-5 | 1次巻線と2次巻線の関係 | 76 |
| 4-6 | 等価容量 | 77 |

第5章 出力部の設計 …… 81

- 5-1 整流部 …… 82
  - 5-1-1 耐圧 …… 82
  - 5-1-2 電流 …… 83
  - 5-1-3 損失 …… 84
  - 5-1-4 放熱 …… 84
- 5-2 平滑部 …… 85
  - 5-2-1 コイルに流れる電流 …… 85
  - 5-2-2 コイルのインダクタンス値 …… 86
  - 5-2-3 コイルの巻数と飽和特性 …… 86
  - 5-2-4 コイルのギャップ …… 86
  - 5-2-5 コンデンサーによる平滑 …… 88
- 5-3 出力部ほか …… 90
  - 5-3-1 CRスナバー C_{51}, C_{52}, R_{51} …… 90
  - 5-3-2 ブリーダー抵抗 R_{52} …… 90
  - 5-3-3 2次側接地コンデンサー C_{55} …… 90
  - 5-3-4 出力コネクター CN_2 …… 91

第6章 インバーターの設計 …… 93

- 6-1 インバーターのオン損失 …… 94
- 6-2 インバーターのクロス損失 …… 97
- 6-3 インバーターの容量損失 …… 98
- 6-4 インバーターオフ時の損失低減 …… 99
- 6-5 インバーターオフ時の曲線部分 …… 101

第7章　制御系の設計 ……… 107

- **7-1** 起動回路 …………………………………… 108
  - **7-1-1** 抵抗 R_{23} ……………………………… 109
  - **7-1-2** 抵抗 R_{16} ……………………………… 112
- **7-2** 発振回路 …………………………………… 116
- **7-3** ドライブ回路 ……………………………… 117
- **7-4** 過電流保護回路 …………………………… 118
- **7-5** デューティー可変 ………………………… 119
- **7-6** 過電圧保護回路 …………………………… 120
- **7-7** 短絡電流低減回路 ………………………… 121
- **7-8** 2次側制御回路（出力電圧検知）………… 123
- **7-9** 2次側制御回路（フォトカプラー点灯）… 125
  - **7-9-1** R_{53} の決め方 ………………………… 125
  - **7-9-2** R_{54} の決め方 ………………………… 126
- **7-10** 負帰還のCR ……………………………… 127
- **7-11** フォトカプラーの注意点 ………………… 128
- **7-12** 過電圧保護の2次側検出回路 …………… 129
- **7-13** 一巡伝達関数 ……………………………… 130

第8章　ノイズ対策設計 ……… 131

- **8-1** ディケード(decade)とは ………………… 132
- **8-2** 減衰量計算 ………………………………… 134
- **8-3** 雑音端子電圧の測定方法と等価回路 …… 136
- **8-4** 雑音端子電圧の規格 ……………………… 138
- **8-5** 雑音端子電圧（ノーマルモード）の計算 … 140
- **8-6** 雑音端子電圧（コモンモード）の計算 …… 143
- **8-7** 雑音電界強度の規格 ……………………… 147
- **8-8** 雑音電界強度の計算 ……………………… 148

第9章　アブノーマル対策設計 …… 149

- 9-1　アブノーマル試験 …… 150
- 9-2　高温過負荷出力試験 …… 153
- 9-3　電解コンデンサー容量抜け状態試験 …… 154
- 9-4　高入力電圧試験 …… 155
- 9-5　低入力電圧試験 …… 156
- 9-6　入力オンオフ繰り返し試験 …… 157
- 9-7　無通風試験 …… 158
- 9-8　短絡投入試験 …… 159
- 9-9　短絡放置試験 …… 160
- 9-10　アブノーマル対策事例 …… 161
  - 9-10-1　ダイオード D_{12} …… 161
  - 9-10-2　ツェナーダイオード ZD_{11} …… 161
  - 9-10-3　過電圧保護回路 …… 161
  - 9-10-4　その他の試験 …… 161

第10章　実効値計算 …… 163

- 10-1　用語説明 …… 164
  - 10-1-1　実効値（rms；root mean square value）…… 164
  - 10-1-2　平均値（average）…… 165
  - 10-1-3　ピーク値（peak，尖頭値）…… 165
  - 10-1-4　時比率（デューティー，$Duty$）…… 165
- 10-2　実効値計算 …… 166
- 10-3　計算例 …… 168
- 10-4　計算例（波形の合成）…… 170
- 10-5　台形波の実効値計算 …… 172
- 10-6　正弦波の一部が欠けている波形の実効値計算 …… 173
- 10-7　正弦波が直流重畳している波形の実効値計算 …… 174

- **10-8** 指数関数で減少している波形の実効値計算 ………………… 175
- **10-9** 正弦波が減衰振動している波形の実効値計算 ……………… 176
- **10-10** コンデンサーに流れる電流の実効値計算 …………………… 177
    - 10-10-1　低周波リップル電流計算 ………………………… 177
    - 10-10-2　高周波リップル電流計算 ………………………… 179
    - 10-10-3　低周波と高周波の合成 …………………………… 181

第11章　フーリエ級数展開 ……………………………………… 183

- **11-1** 用語説明 ……………………………………………………… 184
- **11-2** フーリエ級数展開のイメージ ……………………………… 187
- **11-3** 矩形波のフーリエ級数展開ノモグラム …………………… 189
- **11-4** フーリエ級数展開(周波数特性の傾向) …………………… 192
    - 11-4-1　矩形波 …………………………………………………… 192
    - 11-4-2　台形波 …………………………………………………… 193
    - 11-4-3　三角波 …………………………………………………… 195
- **11-5** 損失計算例 …………………………………………………… 197
- **11-6** 計算式の例 …………………………………………………… 199

第12章　表皮効果と近接効果 …………………………………… 201

- **12-1** 渦電流 ………………………………………………………… 202
- **12-2** 表皮効果 ……………………………………………………… 203
- **12-3** 近接効果 ……………………………………………………… 205

第13章　力率改善回路 …………………………………………… 209

- **13-1** 力率改善回路の特徴 ………………………………………… 211
    - 13-1-1　入力実効電流の低減 …………………………………… 212
    - 13-1-2　電力系統が楽になる …………………………………… 213
    - 13-1-3　他の機器への悪影響低減 ……………………………… 213
- **13-2** 力率改善の方法 ……………………………………………… 215

- 13-2-1 パッシブフィルター ……………………………………… 215
- 13-2-2 アクティブフィルター …………………………………… 218
- **13-3** チョッパー回路の選定 ……………………………………… 221
  - 13-3-1 降圧チョッパー …………………………………………… 221
  - 13-3-2 昇降圧チョッパー ………………………………………… 223
  - 13-3-3 昇圧チョッパー …………………………………………… 224
- **13-4** 力率改善回路の基本動作 …………………………………… 227
  - 13-4-1 力率改善回路入力波形 …………………………………… 227
  - 13-4-2 力率改善回路出力波形 …………………………………… 229
- **13-5** 入力電流波形と昇圧電圧の同時制御 ……………………… 230
  - 13-5-1 入力電流を正弦波にする ………………………………… 231
  - 13-5-2 昇圧電圧 V_{out} を制御する ………………………………… 233
- **13-6** 制御回路の各端子の定数設定方法 ………………………… 235
  - 13-6-1 入力電圧波形検出（3番ピン：VDET 端子）…………… 235
  - 13-6-2 入力電流検出回路（4番ピン：IS 端子）と（5番ピン：ICMP 端子）… 237
  - 13-6-3 出力電圧制御（1番ピン：FB 端子）と（2番ピン：VCMP 端子）… 239
  - 13-6-4 GND（6番ピン：GND 端子）……………………………… 242
  - 13-6-5 インバーター駆動（7番ピン：OUT 端子）……………… 242
  - 13-6-6 制御 IC 用電源（8番ピン：V_{cc} 端子）…………………… 243
- **13-7** 臨界モードの基本動作 ……………………………………… 244
- **13-8** 連続モードと臨界モードの比較 …………………………… 248
  - 13-8-1 連続モードを選択する理由 ……………………………… 248
  - 13-8-2 臨界モードを選択する理由 ……………………………… 250

コラム・マンガ

コンデンサーのショートとコイルのオープン ……………………… 20
初めてのトランス組み立て ……………………………………………… 80
初めての出力部設計 ……………………………………………………… 92
インバーター破壊!? ……………………………………………………… 106
アブノーマル試験 ………………………………………………………… 162
基礎に裏打ちされた発想が大切 ………………………………………… 182
1年後？ …………………………………………………………………… 208

監修のことば ………………………………………… 町野利道 … 251

索　引 …………………………………………………………………… 252

第1章

スイッチング電源とは

本章では，スイッチング電源の基本を解説します．基本動作に欠かせない重要な部品の動作を理解し，「なぜスイッチング電源はコイルに電力を蓄える方式を採用しているのか？」という基本的な動作原理と構成を説明します．

登場人物紹介

頑張りましょ

セーラ(星来)さん
電子科卒で幸くんの
先輩だが年下

よろしく
お願いします

幸(コウ)くん
工学部出身の
新入社員

一緒に考えていこう

巨勢(コセ)先輩
中堅技術者

第1章　スイッチング電源とは

1-1 スイッチング電源に使われる部品

　部屋の中を見渡したとき，家庭用コンセントから電源を取っている家電製品のほとんどが，スイッチング電源を内蔵している時代になっています．それほど身近な存在になっているのに，どのようにして電池のような一定の電圧を作り出しているのかを考える人はあまりいないと思います．ましてや何を「スイッチング」しているのかということまで考えることはなかったでしょう．スイッチング電源の動作をいきなり理解しようとしても，使っている部品の動作がイメージできなければ無理です．次項より，スイッチング電源を構成している重要な部品である「コンデンサー」，「コイル」，「スイッチ素子」からお話しします．その後，それらを組み合わせたスイッチング電源の原理を説明します．

　図1-1は10～100Wクラスのスイッチング電源に使用される部品の例です．今後は小型化と誤挿入防止のため面実装部品が増加し，リード部品は減少していく方向に向かいます．

図1-1　スイッチング電源を構成している主な部品

1-2 コンデンサー

　コンデンサーとは，電気のエネルギーを蓄えることができる部品です．コンデンサーに電流を流し込むことで，電圧を増加させてエネルギーを蓄えます．
　図 1-2 に示すように，電気を通す物体(導体)を 2 つ，絶縁した(離した)まま空間に配置すれば，これだけでコンデンサーとして働きます．コンデンサーとしての性質を強く得たい場合は，この 2 つの導体間を近づけたり，面積を大きくしたり，導体間にその性質を強める誘電体(絶縁体)を挟んだりします．このように，それらを実現する方法がいろいろあるので，各種のコンデンサーがあるのです．
　一言で「電気エネルギーを蓄える」といっても，電気は直接見ることも触ることもできませんし，エネルギーが蓄えられている状態も見ることができないのでイメージしにくいのです．そこで，みなさんが身近に感じている重力や重さのある物体にたとえて説明します．もちろん，電磁気力と重力は未だに統一されていな

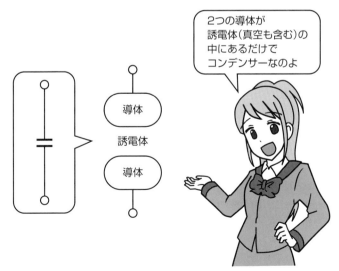

図 1-2　コンデンサーのイメージ

第1章 スイッチング電源とは

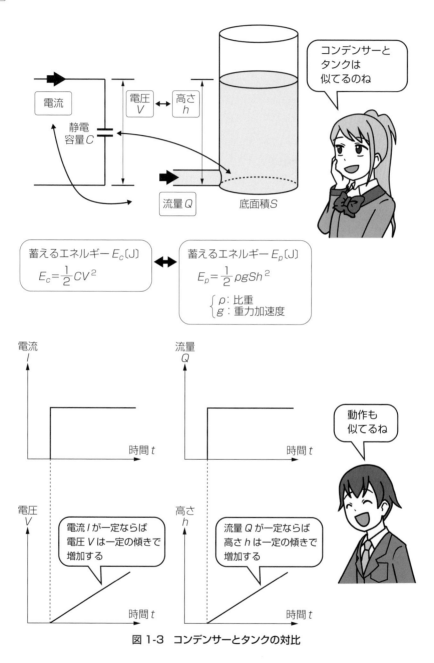

図1-3 コンデンサーとタンクの対比

いので，厳密に1対1に対応させることは不可能です．似ている部分だけを抜き出しているので，その他の部分についての矛盾点はご了承ください．

コンデンサー

(a) 電圧Vを急変させた場合　　(b) 高さhを急変させた場合

図1-4　コンデンサーやタンクでやってはいけないこと

　図1-3に示すように，コンデンサーは「液体を蓄えるタンク」にたとえることができます．

　コンデンサーに電流を流し込むと電圧が上昇するようすは，タンクに液体を注入すると液面が上昇していくようすに似ています．タンクに一定の液体を注入し続けると，それに比例した傾きで液面が上昇していきます．それと同様に，コンデンサーに一定の電流を流し続けると，それに比例した傾きで電圧が上昇してい

第1章 スイッチング電源とは

きます.

逆に，電圧の傾きに比例した電流が流れるので，図 1-4 のように傾きを急にすれば電流も大きくなります．ましてや短絡（ショート）したら，制限する要素は配線のインダクタンスや各部の抵抗だけになるので大電流が流れます．機械的接点でショートした場合は，その大電流に耐えられずに接点が溶けてしまうこともあります．半導体でショートした場合も，その大電流値が過渡時の絶対最大定格電流を超えた場合は破壊してしまいます．もしショートしたり，急に充電が必要になった場合は，電流を制限する物体(抵抗やコイル)を直列に接続して使用しましょう．

図 1-3 のタンクの底面積に相当するのがコンデンサーの静電容量 C（キャパシタンス）です．大きければ大きいほど低い電圧でも大きなエネルギーを蓄えることができるし，電流を大量に長く流し続けることができます．別のいい方をすれば，電圧を上げるためには大きなエネルギーが必要になるし，電流を大量に長く流し込む必要があるといえます．また，電流が変化したことによる電圧の変化は小さくなります．

この静電容量 C の単位は F(ファラッド)です．

1F とは，1A(アンペア)の電流を 1 秒流し込んだときに 1V(ボルト)電圧が上昇する大きさです．また，1V の変化で 1A を 1 秒流すことができる大きさともいえます．これを式で記述すると，

$$C[\mathrm{F}] = \frac{I[\mathrm{A}] \cdot t[秒]}{V[\mathrm{V}]}$$

となります．このときにコンデンサーに蓄えられている電気エネルギー E_C[J(ジュール)]は，

$$E_C = \frac{1}{2}CV^2 = \frac{1}{2} \times 1[\mathrm{F}] \times (1[\mathrm{V}])^2 = 0.5[\mathrm{J}]$$

となります．ここで，1J のエネルギーとは，電力 1W(ワット)を 1 秒取り出せる大きさです．0.5W ならば 2 秒取り出せます．これを式で記述すると，

$$E_C[\mathrm{J}] = P[\mathrm{W}] \cdot t[秒]$$

となります．

1-3 コイル

　コイルは電気のエネルギーを蓄えることができる部品です．コイルに電圧を加えることで，電流を増加させてエネルギーを蓄えます．

　図 1-5 に示すように，電流を流す物体(導体)に長さがあれば，それだけでコイルとして動作します．コイルとしての性質を強く得たい場合には，導体を長くしたり，巻数を大きくしたり，導体の周囲にその性質を強める磁性体を配置したりします．これらを実現する方法がいろいろあるので，各種のコイルがあるのです．

　一言で「電気エネルギーを蓄える」といっても，コンデンサーと同様に，見ることも触ることもできないので，重力や重さのあるものにたとえてイメージで説明します．

　図 1-6 に示すように，コイルは「サーキットをクルクルと回る自動車」にたとえることができます．コイルに電圧を加えると，電流が上昇するようすは，自動車のアクセルを踏み込んで加速度を加え，速度が増していくようすに似ています．自動車に一定の加速度を加え続けると，それに比例した傾きで速度が上昇していきます．それと同様に，コイルに一定の電圧を加え続けると，それに比例した傾きで電流が増加していきます．逆に，電流の傾きに比例した電圧が発生します．

図 1-5　コイルのイメージ

第1章 スイッチング電源とは

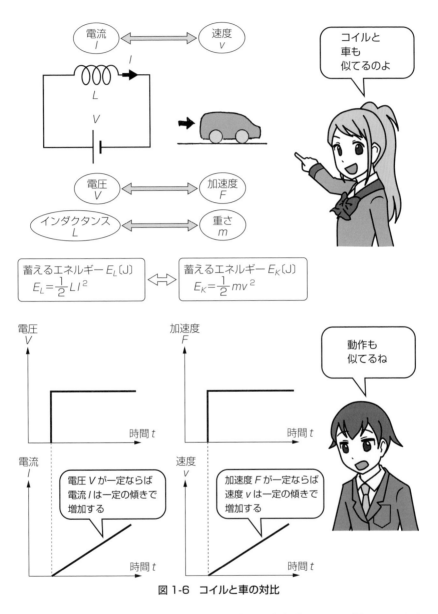

図1-6 コイルと車の対比

コイルの電流は急には止まらないため流し続けようとするので，図1-7のように急に開放（オープン）してしまうと，それを制限する要素はスイッチ導体間の静電容量や各部の抵抗だけになってしまうので，高い電圧が発生します．機械的接点で開放した場合は，その高い電圧が加わった状態のまま電流が流れるので発熱

図 1-7　コイルや車でやってはいけないこと

し，それに耐えられず接点が溶けてしまうこともあります．半導体で開放した場合も，その高い電圧が過渡時の絶対最大定格電圧を超えた場合は破壊してしまいます．もし，開放したり，急に電流を変化させなくてはいけなくなった場合は，電圧を制限する物体(コンデンサーや抵抗)をスイッチに並列に接続して使用しましょう．

図 1-6 の自動車の重さに相当するのが，コイルのインダクタンスです．大きければ大きいほど，小さな電流でも大きなエネルギーを蓄えることができるし，高い電圧を長く発生させることができます．別のいい方をすれば，電流を増加させるためには大きなエネルギーが必要になるし，高い電圧を長時間加える必要があるといえます．また，電圧が変化したことによる電流の変化は小さくなります．

このインダクタンス L の単位は H(ヘンリー)です．

1H とは，1V の電圧を 1 秒加えたときに 1A 電流が増加する大きさです．または，1A の変化で 1V を 1 秒発生させることができる大きさともいえます．こ

れを式で記述すると，

$$L\,[\mathrm{H}] = \frac{V\,[\mathrm{V}] \cdot t\,[\text{秒}]}{I\,[\mathrm{A}]}$$

となります．このときにコイルに蓄えている電気エネルギーE_Lは，

$$E_L = \frac{1}{2}LI^2 = \frac{1}{2} \times 1\,[\mathrm{H}] \times (1\,[\mathrm{A}])^2 = 0.5\,[\mathrm{J}]$$

で計算します．

COLUMN

コンデンサーのショートとコイルのオープン

　コンデンサーをショート(短絡)すると火花が出て危険だということは，高圧を充電した大きなコンデンサーで体験することができます．しかし，コイルを開放すると火花が出て危険だということは，超伝導コイルでも持ってこない限り，通常のコイルでは体験することは困難です．

　コンデンサーは並列抵抗が高い(自己放電が少ない)ので，電圧として蓄えたエネルギーを長時間保っているのに対して，コイルは直列に入っている抵抗によって電流として蓄えたエネルギーが，人間が体感できる時間軸では減衰してしまうからです．

　体感できる可能性があるとすれば，モーターやコイルなどのインダクタンス負荷に電流が流れている状態でスイッチを切るときなのですが，残念ながらそのようなスイッチには火花防止用のコンデンサーが並列接続されているので，やはり火花を見ることはできません．

　このように今は体感できなくても残念がる必要はありません．

　スイッチング電源のような短い周期の間であれば，コイルに流れている電流を止めることの難しさを体感できます．ましてや，スイッチングでオンからオフへ移行する数十nsの間にインダクタンスに流れている電流を止めることは難しいのです．止めたときに流れているコイルの電流エネルギーが，止めたスイッチのコンデンサー成分の電圧に変換されて発生する電圧の激しい上昇に豹変するようすを観測することで，コイルを瞬時に開放することの怖さを痛感することができるでしょう．

1-4 スイッチ素子

　スイッチング電源という名前は伊達ではありません．オン・オフを繰り返す部品が内部で大活躍しています．
　オン・オフできる部品は，機械的ならばリレーや手動スイッチなどがありますが，大きな電流を1秒間に何万回もオン・オフさせた場合，すぐに接点や可動部分が磨耗して寿命がきてしまいます．というより，機械的に1秒間に何万回ものオン・オフを精密に制御することはできません．そこで半導体スイッチ(半導体素子)の出番ということです．
　スイッチさせる半導体は**図 1-8** のようにトランジスター，IGBT(Insulated Gate Bipolar Transistor)，MOS-FET(Metal Oxide Semiconductor-Field Effect Transistor)などを使用します．そして，理想的なスイッチは，「オンしている場合は，抵抗やインダクタンスが0で，オンさせ続けるのに必要な電力も0．オフしている場合は，抵抗は無限大でスイッチ間の静電容量が0で，高い電圧でもオフを維持し，オフさせ続けるのに必要な電力も0．オンからオフ，オフからオンへも損失なく瞬時に移行し，移行させるために必要とする電力も0．そして絶対に壊れずに動作し続けて，小さくて軽くて安価」となります．もちろん，そのような部品は存在しないので，目的に応じて部品を選定し，理想に近い

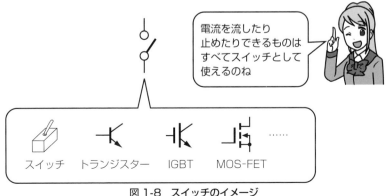

図 1-8　スイッチのイメージ

第1章 スイッチング電源とは

図1-9 半導体でスイッチを形成する理由

動作をさせるように工夫して使用します．

　現在は，「オン・オフのしやすさ／スピードの速さ／オン損失の低さ」のバランスからMOS-FETを使用することが多いので，本書では主にMOS-FETを使用して説明を進めていきます．

1-5 ダイオード

ダイオードは電流が流れる方向が決まっている部品です．電流が流れる方向を「順方向」といいます．電流が流れない方向を「逆方向」といいます．

交流を直流に変換する過程でダイオードは不可欠で，この性能が電源の性能に直結します．

図1-10に示すように，流体に対する弁でたとえることができます．弁には普段は閉じている状態を維持するためのバネが付いていると考えてください．

順方向に液体を流すためには，弁を押しのけながら流さなくてはならないので，どうしても損失が発生するし，流し始めるためにはある程度の圧力が必要です（ダイオードのオン電圧に相当）．

逆方向でも弁を完全に密閉することができないので，多少の漏れが存在してしまいます（ダイオードの漏れ電流に相当）．また，高い圧力をかけると，いずれ弁は破壊してしまいます（ダイオードの最大逆電圧に相当）．順方向に流れている状態から逆方向に移行する場合でも，弁内部の液体は逆方向に流れなければ弁を閉じることができません（ダイオードのリカバリ電流に相当）．

部品は進歩し続けているので，設計段階で最新情報を集めて，目的に応じて部品を選定します．

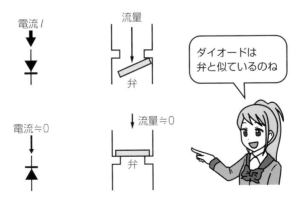

図1-10　ダイオードのイメージ

第1章 スイッチング電源とは

1-6 電圧源

　理想の電圧源は，何があっても一定の電圧を発生させ続けるものです．たとえるならば，図1-11のように無限の量の2つの液体があり，この液面の高さの差に相当します．開放している状態では安定ですが，短絡させても電圧は変わらないままで理論上は無限大の電流が流れます．現実には内部抵抗が存在したり，流せるエネルギーに限界があるので無限ということはありえません．

　一定の電圧を発生させ続けるものとしては乾電池があるので，だれでもイメージしやすい電力供給源といえます．

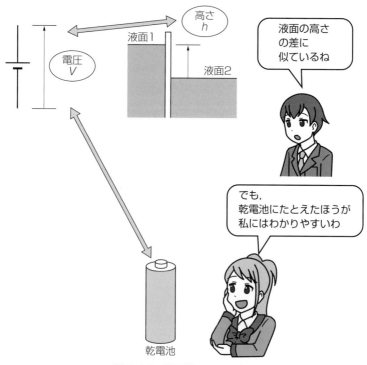

図1-11　電圧源のイメージ

電流源

1-7 電流源

　理想の電流源は，何があっても一定の電流を流し続けます．たとえるならば，図 1-12 のように無限の力で一定の液体を流すポンプです．短絡している状態では安定ですが，開放させても一定の電流を流そうとするので，理論上は無限大の電圧を発生させて空間に放電してでも電流を流します．
　一定の電流を流し続けるものが身近にないので，イメージしにくい電力供給源ですが「電流制限のかかった高い電圧の電源」とイメージしてください．

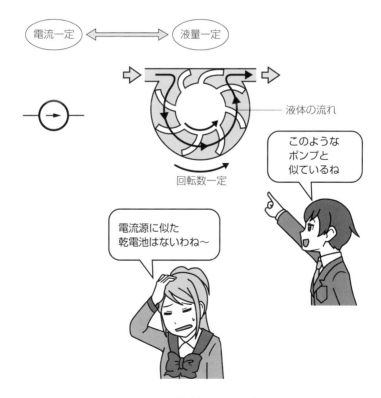

図 1-12　電流源のイメージ

第1章 スイッチング電源とは

1-8 スイッチング電源の基本動作

　ここではスイッチング電源の動作原理を説明します．図 1-13 を見てください．スイッチをオン状態にしてコイルに電圧を一定時間加えて，電流という形でエネルギーを蓄えます．スイッチをオフ状態に切り換えてもコイルは一定の電流を流そうとするので，ダイオードをオンさせてコイルに蓄えたエネルギーを負荷へ放出します．

　エネルギーを蓄える部品としてコイルを使用していますが，コンデンサーもエネ

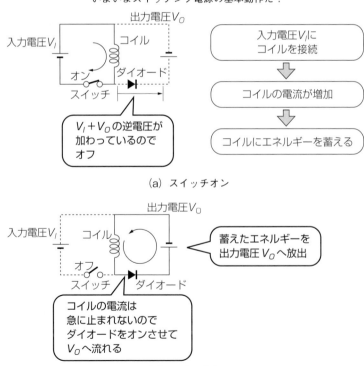

図 1-13　スイッチング電源の基本

スイッチング電源の基本動作

図1-14 電圧源からコンデンサーに蓄えない理由

ルギーを蓄えることができる部品なのに，なぜ使用しないのでしょうか．それは，入力が電圧源だからです．電圧源に接続して時間とともにエネルギー量を増加させられる部品はコイルだけなのです．コンデンサーが電圧源にスイッチで接続していはいけない理由は図1-4で説明した通りです（ただし例外的に，電流量が小さく，スイッチの負担が小さい場合に限りコンデンサーに直接電圧を加えたり切り換えたりする方式が「スイッチドキャパシター」として存在します）．

もしも入力が電流源であれば，コンデンサーにエネルギーを蓄える方式になります．スイッチをオフ状態にしてコンデンサーにエネルギー電流を一定時間流して，電圧という形でエネルギーを蓄えます．スイッチをオン状態に切り換えても

第1章 スイッチング電源とは

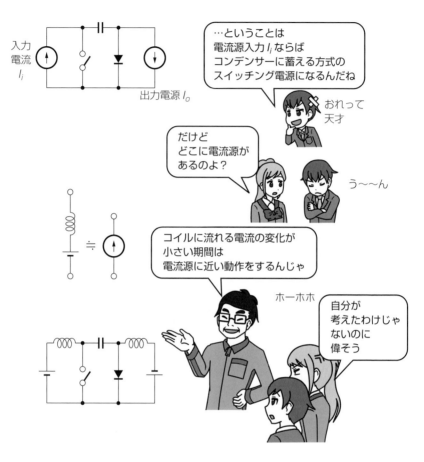

図 1-15 電流源入力のスイッチング電源例

　コンデンサーには一定の電圧があるので，ダイオードをオンさせてコンデンサーに蓄えたエネルギーを負荷へ放出します．オンとオフの関係が電圧源入力の場合の逆だということに注意してください．

　電流源入力というものが一般的ではないので，そのままでは使用されることのない方式ですが，電圧源にコイルを直列接続すると，そのコイルに流れている電流は急に変化することがないので近似的に電流源として考えることができ，図1-15 のような構成のスイッチング電源も存在します．

1-9 スイッチング電源の基本的な種類

　スイッチオンでコイルの電流を増加させてエネルギーを蓄え，スイッチオフでコイルのエネルギーを出力するという方式は同じですが，その構成でスイッチング電源は**図 1-16**に示す3種類に分類することができます．

(a) **降圧型**(バックコンバーター，buck converter)は，入力電圧を下げて出力することしかできません．出力電圧を上昇させて入力電圧よりも上げようとするとスイッチがオンし続けて，入力電圧よりも上がることができないことがわかると思います．逆にいえば，入力電圧よりも絶対に出力電圧は低いので，誤動作しても負荷に入力電圧よりも高い電圧が発生する心配がありません．また，出力電圧は低下しますが「出力電圧×出力電流＝出力電力」の関係から，出力電流を増加させることができます．スイッチがオンのときにコイルには「入力電圧－出力電圧」の電圧が印加してコイルにエネルギーを蓄積します．スイッチがオフのときにコイルからダイオードを経て出力にエネルギーを放出します．

(b) **昇降圧型**(バックブーストコンバーター，buck boost converter)は入力電圧よりも高い電圧や低い電圧を自在に出力することができる唯一の方式です．ただし，そのままでは入力電圧に対して逆方向の電圧しか出力できません．動作は1-8項で説明した基本動作のままなので至ってシンプルですが，スイッチに流れる電流がもっとも大きい方式なので，その影響があまり現れないように，出力電流が比較的小さな電源に限って使用されています．

(c) **昇圧型**(ブーストコンバーター，boost converter)は入力電圧よりも高い電圧しか出力できない方式です．出力電圧を入力電圧よりも下げようとすると，スイッチがオフし続けてしまい，入力電圧よりも下がることができません．それ以上に低下させようとしても，スイッチはオフを維持するだけで保護的な動作をしないので，入力側のほうで電流制限をかけないと破壊してしま

第1章 スイッチング電源とは

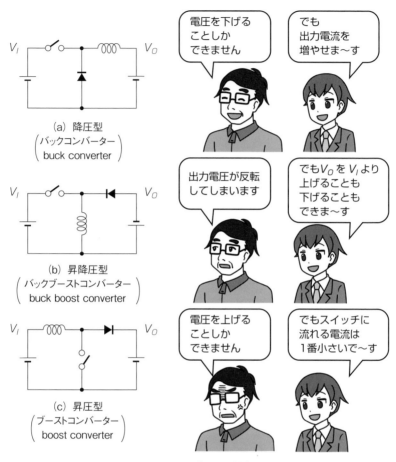

図1-16 スイッチング電源の基本回路の種類

います．そこで，スイッチ停止時には負荷へ電流が流れないように，入力電圧では動作しない負荷が適しています．スイッチがオンのときにコイルに入力電圧が印加してエネルギーを蓄積します．スイッチがオフのときにコイルからダイオードを経て出力される電圧に入力電圧が加わって出力電圧となります．

※詳細な動作や公式は 221〜226 ページに記載しました．

1-10 スイッチング電源の絶縁方法

　前項1-9で説明した電源は，入力と出力が直流的につながっています．しかし，一般的には絶縁していたほうが不要な直流的ループをなくすことができるというメリットがあり，入力と出力をトランスで絶縁した図1-17のような方式が使用されます．

(a) **降圧型**を絶縁した方式です．図の通りトランスで絶縁しただけの構造のまま，基本動作と同じ動きをします．バリエーションが最も多い方式で，図のようにスイッチが1個の場合や，2個使用してトランスの上下に接続したり，プッシュプル動作やハーフブリッジ動作をさせたり，4個使用してフルブリッジ動作させたりすることができます．スイッチが1個の場合は**第6章6-5項**で詳しく書いているように，出力トランスのリセットをいかに行うかを考えなくてはいけないので，スイッチが1個ならば簡単そうですが，実は最も複雑な動作をしているといえます．スイッチが2個以上の場合は2個のスイッチで出力トランスのリセットをし合う動作をしているので，少しでもオン時間が異なると，それが累積して直流重畳という現象を起こして出力トランスが偏磁することによる飽和が発生するので注意が必要です．

(b) **昇降圧型**を絶縁した方式です．絶縁したことでトランスの巻線の極性を自由にできるので，入力と逆方向の電圧しか出力できないという欠点をなくすことができます．昇降圧型のところでも説明したようにスイッチに流れる電流が最も大きい方式なのでスイッチの負担は大きくなりますが，出力トランスをそのまま出力コイルとして使用できるので，出力コイルが不要の構成が得られて最も部品点数を少なくできる方式なので，スイッチに流れる電流が小さな電源に多用されます．具体的には出力が10W以下の電源はほとんどこの方式です．また，スイッチがオフのときに出力トランスからは2次巻線の巻数に比例した電圧を得ることができるので，多出力の電源を容易に作ることができます．

第1章 スイッチング電源とは

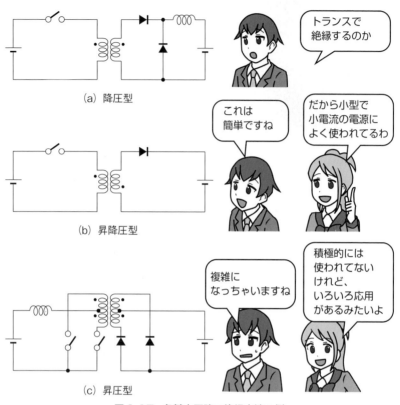

図1-17 各基本回路の絶縁方法の例

(c) **昇圧型**を絶縁した方式ですが，積極的には使用されません．たとえば，図のような複雑な構成としても出力電圧の制御が困難です．また，他の方式のように1つのスイッチで構成した場合にはスイッチがオフのときに出力トランスに電流が流れ込んでしまい，それを止めることができず破壊してしまいます．コンデンサーやダイオードを組み合わせたりすれば動作させることはできますが，それでも制御は複雑で，特別な用途を除いては積極的に利用する回路ではありません．この構成で動作する例としては，出力整流にダイオードではなくてMOS-FETを使用した同期整流回路の出力に出力電圧設定値よりも高い電圧が外部から供給されてしまった場合，昇圧型を絶縁した方式の動作をして出力側から入力側にエネルギーが回生する動作をします．もちろん，これは意図しない動作なので，動作しないようにしなくてはなりません．

第2章
スイッチング電源の種類

スイッチング電源（スイッチングレギュレーター，Switching Regulator）は種類も多く，いろいろな分類方法があります．本章では，各種電源の紹介を通して，初めてスイッチング電源を製作するのにお勧めの電源をご紹介します．その上で，その電源を第3章から第9章にかけて具体的に設計していきたいと思います．

第 2 章　スイッチング電源の種類

2-1 直流安定化電源

　電子装置のほとんどは一定の直流電圧が供給されるという前提で作られています．そして，正常動作する電圧範囲が存在します．

　入力電圧や出力電流・周囲温度が変化しても，電子装置が正常動作する電圧範囲を逸脱しないように，スイッチング電源は出力電圧を制御しなくてはいけません．

　直流を出力する電源は，図 2-1 のように入力電圧で 2 通りに分類できます．

(1) 直流入力 (DC-DC コンバーター, converter)

　直流 (DC: Direct Current) を入力して，直流を出力する電源です．

　装置内部の直流電圧を利用して，内部の半導体に最適な直流電圧に変換するときなどに使用します．基板に直接取り付けられることが多いので，意外と目のつかないところに実装されています．

(2) 交流入力 (AC-DC コンバーター)

　交流 (AC: Alternating Current) を入力して，直流を出力する電源です．

　家庭用コンセントや工場のブレーカーなどから入力を得て，装置に必要な直流電圧に変換します．AC アダプターなどで直接目にすることも多いと思います．

写真 2-1　DC-DC コンバーターの例

直流安定化電源

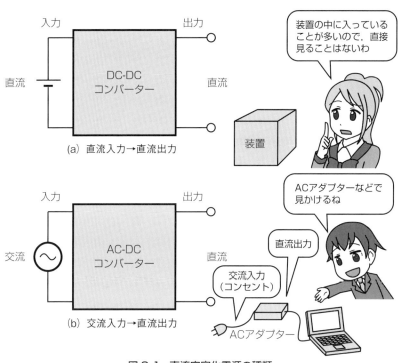

図2-1　直流安定化電源の種類

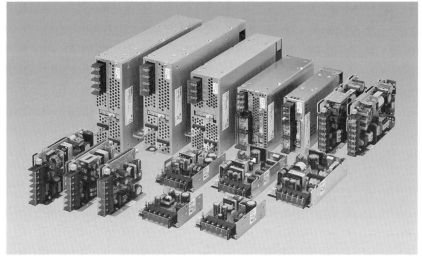

写真2-2　AC-DCコンバーターの例

35

第2章 スイッチング電源の種類

2-2 交流安定化電源

　交流を必要とする装置へ安定な交流を供給する電源です．

　正確な正弦波を出力するタイプや，小型軽量化のため擬似正弦波を出力するタイプがあります．

　交流出力する電源は，図2-2のように入力電圧で2通りに分類できます．

(1) 直流入力(DC-ACインバーター，inverter)

　バッテリーや太陽電池などの直流電圧から安定化された交流電圧を出力する電源です．

(2) 交流入力(AC-ACインバーター)

　「安定な電圧」や「安定な周波数」が必要な装置への電力供給に使用します．また，「正確な正弦波」が必要な試験装置や，商用電源から直接に交流モーターを制御する場合にも使用します．

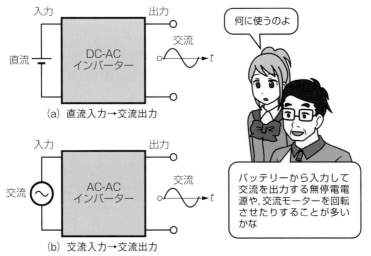

図2-2 交流安定化電源の種類

2-3 交流入力電圧

　直流入力は種類が多くて変化し続けるので，種類が少なくて変化の少ない交流入力の説明をします．それでも図 2-3 に示すように，国によって交流入力電圧が異なります．

　日本国内専用であれば，AC100V 専用に設計します．

　日本とアメリカで使用できるようにするには，日本が AC100V でアメリカが AC120V なので，最低入力は日本の AC100V の −15% で AC85V に，最大入力はアメリカの AC120V の +10% で AC132V に設定することが多いです．

　世界中で使用できるようにするには，最低入力は日本の AC100V の −15% で AC85V に，最大値は AC240V の +10% で AC264V に設定することが多いです．

　周波数も 50Hz と 60Hz の 2 種類があるのですが，スイッチング電源は交流入力を直流に変換してから使用するので，スイッチング電源を使用すれば 50Hz と 60Hz の両方で問題なく動作させることができるので便利です．

図 2-3　世界の交流入力電圧

第 2 章　スイッチング電源の種類

2-4　出力電圧

　出力電圧は装置や部品によって必要とする値が大きく異なるので，図 2-4 のように広い範囲で分布しています．

　高い電圧は危険なので，実験として最初に製作するのは避けたほうが無難です．具体的には，交流ではピーク電圧が 42.4V，直流では 60V を超える電圧は危険電圧（Hazardous Voltage）に分類されます．

　低い電圧は同じ電力の電源を作る場合に電流値が大きくなり，その電流による銅損を低減させるための出力トランスや出力コイルや配線の抵抗値低減が困難になるので，避けたほうが無難です．具体的には 5V を下回ると設計しにくくなります．

　ということで，最初に製作する電源の直流出力電圧としては，5〜24V を推奨します．

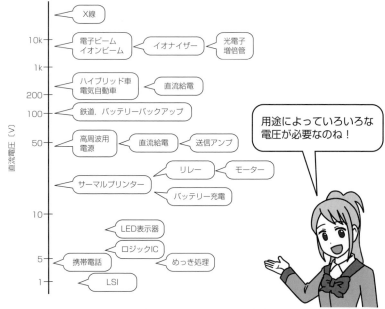

図 2-4　必要とされるいろいろな直流電圧

2-5 出力電力

　プリント基板上のLSIに正確な電圧を供給するための数Wの電源から，工場で使用する数十kWの電源に至るまで，広く存在します(特殊分野ではさらに低電力や高出力の電源も存在します)．

　電力によって**図2-5**に示すように最適な基本回路がありますが，これはあくまでも目安であり，使用条件や要求性能や部品の進化などで最適な基本回路は変わります．製作のしやすさを考慮すると，10W未満はトランスを手で巻くのが辛くなるほど小さくなるのでお勧めできません．100Wを超えると，使用する素子数が増加してしまい，組み立てるのが面倒です．大きな電力は入力装置や負荷装置の準備も難しくなるのでお勧めできません．

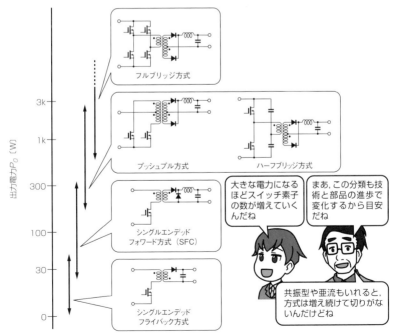

図2-5　出力電力と回路方式(絶縁型)

第 2 章　スイッチング電源の種類

2-6　第3章から設計する電源の紹介

　第3章から設計する直流安定化電源の入力は，家庭や実験室でもっとも容易に得られ，製作後も使用することが多いと考えられる「壁コンセント」からのAC100Vで動作する電源とします．出力は，製作のしやすさ・安全性・製作後の用途の広さから75W，12Vとします．また，部品の交換や各部波形の測定の容易さから「基板単体タイプ」をお勧めします．

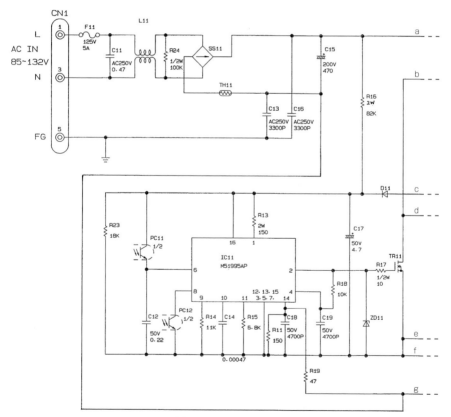

図2-6(a)　LCA75S-12の回路図-1

第3章から設計する電源の紹介

　使用する部品はチップ部品を使用した電源のほうが小型化できるのですが，部品の交換が容易で定数確認もしやすいということで，リード部品をお勧めします．また，使用するプリント基板は，両面基板ではスルーホールがあるので部品交換が難しく，また部品の下にもパターンが存在して回路図を見ながらの実験が面倒なので片面基板をお勧めします．

　もしも修理できないくらいに壊してしまった場合でも，カタログで販売されている電源ならば容易に入手できるので実験を継続できます．その条件を満たす電源を探すと，コーセル(株)のLCA75S-12になります．図2-6はLCA75S-12の定数入り回路図を示します(変更される場合があります)．

　このLCAシリーズは1993年に先駆けて発売した基板単体電源で，その使いやすさは多くのユーザーに愛用され，同じ形状の製品が各会社から製品化されてい

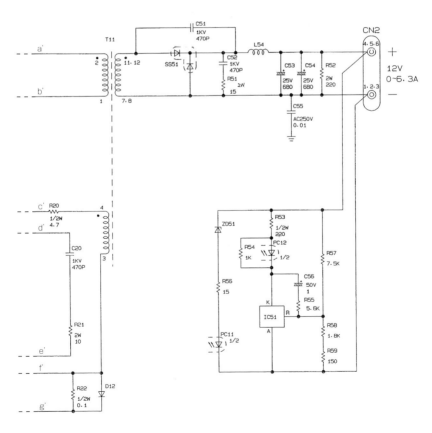

図2-6(b)　LCA75S-12の回路図-2

第 2 章 スイッチング電源の種類

図 2-7 第 3 章から設計する LCA75S-12
　　　（入力電圧 AC100V, 出力電力 75W, 出力電圧 12V）

ることからも実証済みです（実験用としては LCA シリーズがお勧めですが，製品としてご購入される場合は「LCA シリーズを小型軽量化した LGA シリーズ」と「LGA シリーズと同じ大きさでワイド入力（AC85〜264V）の LFA シリーズ」がありますので，こちらをお勧めします．詳しくはコーセルのホームページ（http://www.cosel.co.jp）をご覧ください．

図 2-7 は LCA75S-12 の外観と特徴です．

　この電源の部品選定や定数をどのように行ったのでしょうか？　第 3 章から第 9 章で具体的に設計を進めていきましょう．

第3章

入力部の設計

いよいよ電源の具体的な設計をします．電源の設計といっても，どこから手を付けたらよいのかわかりません．毎回悩むところです．王道はありません．悩んだ場合は入力から順番に計算していくと，計算資料として残したときに見やすくなるので，LCA75Sの入力回路を例に計算していきましょう．

第3章 入力部の設計

3-1 入力電流計算

まず，図 3-1 に示す LCA75S の入力回路を例に計算していきます．

入力部は入力電流の最大値 $I_{i\,max}$ を基に計算するので，入力電流の実効値・平均値・ピーク値の最大値を事前に計算しましょう．

スイッチング電源は出力に一定の電力を供給するため定電力負荷とみなせるので，入力電圧が低下すると入力電流は増加します．つまり，最小入力電圧 $V_{i\,min}$ で，最大入力電流 $I_{i\,max}$ となります．

3-1-1 入力電力 P_i

$$入力電力 P_i = \frac{出力電力 P_o}{効率}$$

インバーターや出力トランスなどを計算していないこの段階では，効率は予測するしかありません．したがって，電源を動作させて入力電流を実測した段階で見直す必要があります．

今の段階では，電源メーカーのカタログを調べて，設計したい出力電圧と出力電流を持つ電源の効率の仕様値を見ると参考になります．

$$入力電力 P_i = \frac{出力電圧 \times 出力電流}{効率}$$

$$= \frac{12\,[V] \times 6.3\,[A]}{0.8}$$

$$= 94.5\,[W]$$

3-1-2 入力電流最大時の実効値 $I_{rms\,max}$

入力電流最大時の実効値 $I_{rms\,max}$

$$= \frac{入力電力 P_i}{最小入力電圧 V_{i\,min} \times 力率}$$

力率は力率改善回路付き電源ならば約 0.99 ですが，LCA75S はコンデンサーインプット型整流で突入電流防止にパワーサーミスターを使用しているので経験的

入力電流計算

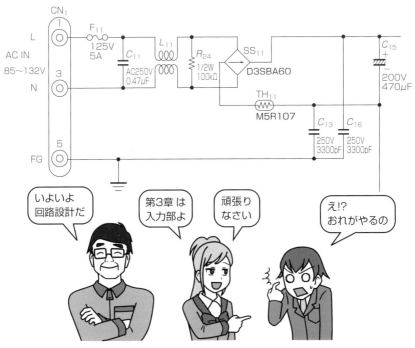

図3-1 LCA75Sの入力回路図

に 0.6 とします(SCR やリレーを使用している場合は経験的に 0.5〜0.55).

入力電流最大時の実効値 $I_{rms\,max}$

$$= \frac{94.5\,[\mathrm{W}]}{\text{最小入力電圧}85\,[\mathrm{V}] \times 0.6}$$

$$= 1.85\,[\mathrm{A}]$$

3-1-3 入力電流最大時の平均値 I_{ave}

平均電流は入力電解コンデンサー C_{15} を基準に考えます.

厳密には入力電解コンデンサー前段のラインフィルターや入力整流器などの損失や電圧降下を考慮しなくてはなりませんが,この段階では厳密な損失はわかりませんので近似的に下記計算で求めます.

$$\text{入力平均電流}\ I_{ave\,max} = \frac{\text{入力電力}P_i}{C_{15}\text{の電圧の最小値}V_{C\,min}}$$

$$= \frac{P_i}{\text{最低入力電圧}\ V_{i\,min} \times \sqrt{2} - \text{入力整流器の電圧降下}}$$

第3章 入力部の設計

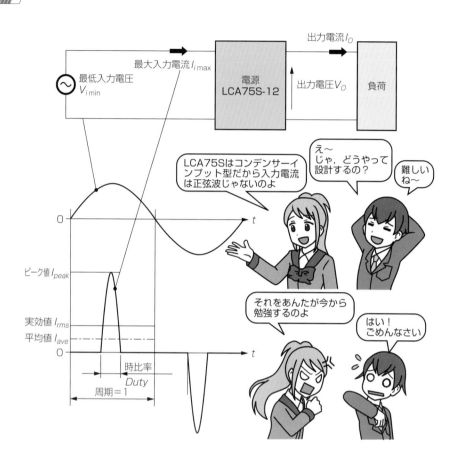

図 3-2 入力電圧と入力電流波形

$$= \frac{94.5\,[\mathrm{W}]}{85\,[\mathrm{V}] \times \sqrt{2-1}\,[\mathrm{V}] \times 2\,[\text{個}]} \fallingdotseq \frac{94.5\,[\mathrm{W}]}{118\,[\mathrm{V}]}$$

$$\fallingdotseq 0.801\,[\mathrm{A}]$$

3-1-4 入力電流最大時のピーク値 $I_{peak\,max}$

実効値 I_{rms} と平均値 I_{ave} が計算済みなので，167 ページ**第10章**の**表10-2** の項目番号 1 から式を探して計算します．

$$I_{peak\,max} = \frac{4}{\pi} \times \frac{I_{rms}{}^2}{I_{ave}} = \frac{4}{\pi} \times \frac{1.85^2}{0.801}$$

$$\fallingdotseq 5.44\,[\mathrm{A}]$$

3-2 入力コネクターCN₁

　図3-3 のように，小さいコネクターを選定するとコネクターが発熱して危険ですし，大きなコネクターは製品の外形が大きくなったりコストが上昇したりするので，電流と電圧を調べてちょうどよい大きさを選定しましょう．

　コネクターの電流定格は，入力電流最大時の実効値 $I_{rms\,max}=1.85\mathrm{A}$ の約2倍の余裕をみて，1接点で3.7A 定格以上の製品を探します．

　コネクターの電圧定格は，最大入力電圧 AC132V 以上を保証している製品を探します．

図 3-3　入力コネクターとヒューズ

第 3 章　入力部の設計

3-3　ヒューズ F_{11}

　図 3-3 のように，通常動作している状態ではヒューズ F_{11} は切れてはいけません．しかし，異常時は速やかに切れなくては中の部品やプリント基板を守ることができません．

　通常動作している状態で切れないように，ヒューズの電流定格は入力電流最大時の実効値 $I_{rms\,max}$＝1.85A の約 2 倍の余裕をみて 3.7A 以上の製品から選定します．余裕をみすぎると異常時に速やかに切れなくなるので，LCA75S は 5A 品を使用しました．電圧定格は AC100V 系なので AC125V 品を使用します．

　突入電流の仕様値は $30A_{typ}$ と定格電流の数倍も大きいので，この突入電流でヒューズが切れてしまわないように，一般的には「スローブロー型・タイムラグ型・遅延型」と呼ばれるヒューズを選定しますが，厳密には突入電流波形を測定してヒューズメーカーへ送って確認していただくことをお勧めします．

　LCA シリーズは使用していませんが，定格電流が大きくて突入電流とほとんど差がないような大電力の電源を設計する場合は，突入電流で切れてしまう心配はなくなってしまうので「スローブロー型・タイムラグ型・遅延型」を使用する必要はありません．それよりも電源内部が破壊したときに，内部素子を守るために少しでも早く切れることが要求されるため「ラピッド・即断型」と呼ばれるヒューズから選定します．

　また，交流(AC)が流れている箇所には AC ヒューズを使用しますが，直流(DC)しか流れていない箇所であれば AC ヒューズを使用してはいけません．直流しか流れていない回路で AC ヒューズが溶断してもアーク放電が止まらず電流が遮断できないという危険な事態が発生する場合があるからです．その対策として，直流回路にはアーク放電の防止対策が施してある DC ヒューズを使用します（交流回路で AC ヒューズが切れてアーク放電が発生しても，交流には 0 点が存在し，アーク放電は消失するので DC ヒューズほどアーク放電防止に力を入れる必要がないのです）．

3-4 相間コンデンサーC_{11}

相間コンデンサーC_{11}は，図3-4の位置に雑音端子電圧のノーマル方向(ノーマルモードノイズ)を低減させるために接続します．

入力ライン(商用電源)へ直接に接続するので，短絡破壊の危険性の低い「安全規格対応のコンデンサー」から選定します(64ページ**写真3-4**参照)．

選定前に電源装置に適応したい安全規格を明確にしておきます．

定格電圧は，電源装置の入力電圧定格に対して余裕のある値を選択します．容量$C〔\mu F〕$は，**第8章**の雑音端子電圧(ノーマル方向)を計算して決めます．

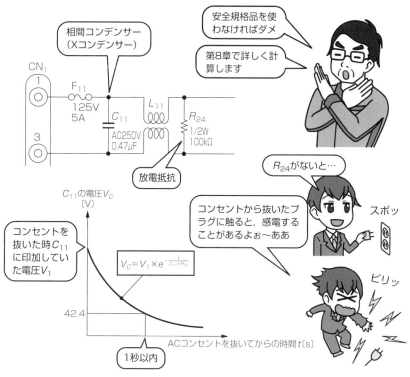

図3-4 相間コンデンサーと放電抵抗

3-5 放電抵抗 R_{24}

　ACプラグを抜いても，ACプラグの電極間に電圧が印加したままでは危険です．しかし，コンセント相間コンデンサーC_{11}には，ACプラグを抜いた瞬間に加わっていた入力電圧が充電されているのです．

　具体的には，AC100Vのピーク電圧は141Vなので，C_{11}に141Vが印加しているタイミングでACコンセントを抜いた瞬間は，ACプラグの電極間にはC_{11}の141Vが加わっていることになり，**図3-4**のようにACプラグの電極に触れると，C_{11}を身体で放電してしまうことになるので危険です．そこで，電極間に電圧が印加したままの状態にならないように，コンセントを抜いてから1秒以内に相間コンデンサー電圧が42.4V以下になっている必要があります．そのための手段としてC_{11}に，上記条件を満たす放電抵抗R_{24}を並列接続して放電します．

　R_{24}は下式で計算した値よりも小さな値に設定します（V_1：AC120Vのピーク値$=120\times\sqrt{2}=170〔V〕$）．

$$R_{24}〔k\Omega〕\leq \frac{1000}{C_{11}〔\mu F〕\times \ln\frac{V_1〔V〕}{42.4〔V〕}}$$

$$=\frac{1000}{0.47\times \ln\frac{170}{42.4}}=\frac{1000}{0.47\times 1.389}$$

$$=1532$$

ということで，電気的には1.5MΩ以下の抵抗値を選定します．LCA75Sは耐圧に余裕のある1/2W品を採用し，安全性を考慮して速やかに入力端子間の電圧を低下させるように，できるだけ小さな抵抗値100kΩを採用しました．

　R_{24}の最大損失P_{max}は，

$$P_{max}=\frac{V_{i\,max}{}^2}{R_{24}}=\frac{132^2}{100〔k\Omega〕}$$

$$=0.174〔W〕$$

なので，1/2Wに対して余裕があることがわかります．

3-6 ラインフィルターL_{11}

L_{11} は，電流定格とインダクタンスで選定します．ただしインダクタンスは，第4章で出力トランスを設計後に第8章の雑音端子電圧計算を行って決めます．

ここでは「電流の実効値での発熱」と「電流のピーク値での飽和計算」を解説します．

3-6-1 損失計算

ラインフィルターL_{11} を図 3-5 に示すように，実際の動作と同じになるように接続することで実働状態での直流抵抗 R_{DC} が測定できます（1Ω以下の低抵抗なので 4 端子測定法推奨）．

ラインフィルターには 50〜60Hz の交流電流が流れますが，この程度の周波数は銅損の表皮効果や近接効果は無視でき，鉄損も無視できるほど小さいので簡易的に電線の直流抵抗 R_{DC} で計算します．入力電流最大時の実効値 $I_{rms\,max}$ = 1.85A なので，

ラインフィルターの損失P =（入力電流最大時の実効値$I_{rms\,max}$）$^2 \times R_{DC}$
$$= 1.85 [\mathrm{A}]^2 \times 0.338 [\Omega] \fallingdotseq 1.2 [\mathrm{W}]$$

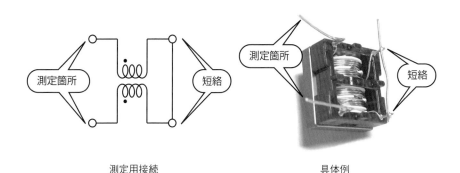

図 3-5　ラインフィルターの損失計算用接続

第3章 入力部の設計

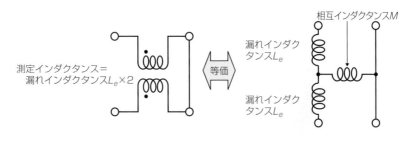

(a) ラインフィルターをノーマル方向に接続　　　(b) T型等価回路

図 3-6　ラインフィルターをノーマル方向に接続した場合の等価回路

3-6-2　飽和計算

　ラインフィルターのコアが飽和すると，ラインフィルターとしての働きが低下して雑音端子電圧が増加してしまうので，飽和しないことを確認するための事前確認が必要です．

　コモン方向の電流はわずかなので飽和計算する必要はありません．

　図 3-6(a) は，ラインフィルターが電源に入力電流を供給している方向（ノーマル方向）でのインダクタンス測定の接続です．この接続を T 型等価回路で表したのが図 3-6(b) です．

　ノーマル方向は相互インダクタンス M を通らず2個の漏れインダクタンス L_e を通過する構成になるので，漏れインダクタンス L_e は図 3-6(a) で測定したインダクタンスの 1/2 になります（コモン方向のインダクタンスは両端の端子を短絡して測定するので $M + L_e/2$ となります）．

　図 3-7(a) のラインフィルターに入力電流が流れると，図 3-7(b) に示す磁束が発生します．2つの巻線から発生した磁束は巻線部分のコアを流れますが，打ち消し合う方向なので2つの巻線の中央で漏れ磁束としてすべて空間に流れます．これが漏れインダクタンス L_e として測定されます．

　このように2つの巻線からの磁束はコアに流れるので，磁束密度 B は，1つの巻線分の漏れインダクタンス L_e と，その巻線に流れる電流（入力電流のピーク値）と，コアの断面積と巻数 N から求めることができます．

$$B\text{[T]} = \frac{L_e\text{[}\mu\text{H]} \times I_{peak\,max}\text{[A]}}{S\text{[mm}^2\text{]} \times N\text{[ターン]}}$$

　　$B\text{[T]}$：巻線部分のコアの磁束密度
　　$L_e\text{[}\mu\text{H]}$：図 3-6 の接続で実測したインダクタンス値の 1/2

52

 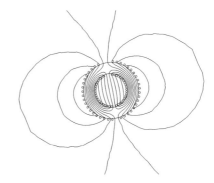

(a) 概観　　　　　　　　　　(b) 可視化した漏れ磁束

図 3-7　トロイダル型ラインフィルターの形状とノーマル方向の磁束の分布

$I_{peak\,max}$〔A〕：入力電流最大時のピーク値
S〔mm^2〕：巻線部分のコアの断面積（〔mm^2〕は〔$\mu \cdot$m^2〕と同じ）
　　　　　（コアメーカーのカタログ値，またはコアを実測）
N〔ターン〕：片側の巻数

LCA75S で使用したラインフィルターのコアの磁束密度を計算すると，

$$B〔T〕 = \frac{61〔\mu H〕\times 5.44〔A〕}{(5〔mm〕\times 5〔mm〕)\times 62〔ターン〕}$$

$$= 0.214〔T〕 = 214〔mT〕$$

となります．

　この飽和磁束 B に対して余裕のあるコアを使用します．もし磁束密度を下げたい場合は，より断面積の大きなコアに変更したり，巻数を下げるなどの対策を行います（上式からは巻数 N が下がると，それに反比例して磁束密度 B が増加するように思ってしまうかもしれませんが，漏れインダクタンス L_e は巻数 N の自乗で低下するので，総合的にみて磁束密度 B が低下します）．

　ラインフィルターは**図 3-7(b)** のとおり，ノーマル方向の電流によって盛大に外部に漏れ磁束となって飛び出します．外部に漏れ磁束が出るということは，外部からの磁束もラインフィルターに飛び込みやすいということなので，ラインフィルターに飛び込む磁束はノーマル方向の雑音端子電圧に変換されてしまうということを考慮して部品配置を決めます．

第3章 入力部の設計

3-7 入力整流器 SS_{11}

「定格電圧」,「定格電流」,「サージ電流」,「損失」を計算して部品選定します.
図 3-8 に示す位置に接続するので,最大入力電圧 AC132V のピーク値に対して余裕のある耐圧を選定します.

$$\text{ピーク電圧} V_{peak\,max} = \text{最大入力電圧} V_{rms\,max} \times \sqrt{2}$$
$$= 132\,[\text{V}] \times \sqrt{2} = 187\,[\text{V}]$$

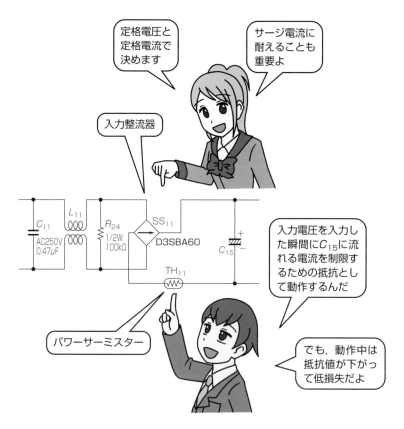

図 3-8 入力整流器とパワーサーミスター

2倍の余裕をみれば400V耐圧以上で充分です．LCA75Sでは600V品を使用することで，さらに余裕をみて信頼性を向上させています．

定格電流は，**3-1-3項**の入力平均電流 $I_{ave\,max} = 0.801\text{A}$ に対して，2倍の余裕をみれば $0.801 \times 2 = 1.6\text{A}$ なので，これ以上の製品の中から選定します．

LCA75Sは4A品を使用していますが，4Aは放熱器を使用したときの値です．放熱器を使わなくても済むように，出力電流 I_o（フィンなし2.3A）という値を参考に選定しました．サージ電流は電源の突入電流仕様値30Aに対して充分余裕があることをカタログで確認しておきましょう．

損失は概略計算になりますが，ダイオード1素子当たりの順電圧を順方向特性のグラフから $T_c \fallingdotseq 100℃$ 電流2Aでの読み取り値 $V_F = 0.85\text{V}$ と，入力電流最大時の平均値 $I_{ave\,max} = 0.801\text{A}$ から計算します．ブリッジ整流なのでブリッジダイオード内部の2個が同時に導通します．

入力整流器損失 $P_{SS} = V_F \times I_{ave\,max} \times$ 導通素子数
$$= 0.85 [\text{V}] \times 0.801 [\text{A}] \times 2 [個] = 1.36 [\text{W}]$$

となります．

放熱器なしの熱抵抗 θ_{ja} は $30℃/\text{W}_{max}$（D3SBA60のカタログ値）なので，接合（ジャンクション）と周囲温度との温度差 $\varDelta T ℃$ は，

$$\varDelta T = P_{SS} [\text{W}] \times \theta_{ja} [℃/\text{W}]$$
$$= 1.36 \times 30 = 41 [℃]$$

となります．つまり，周囲温度が50℃ならば，接合温度は $50 + 41 = 91℃$ となり，接合温度 T_j の絶対最大定格150℃に対して余裕があることがわかります．しかし，実装状態での入力整流器は周囲の部品が発熱しているので，電源本体の周囲温度よりも高くなっています．そのため，部品温度上昇の実測は欠かせません．

また，入力側から雷による雷サージや，スイッチによる開閉サージなどのサージ電圧（定格を大きく超える電圧）が加わることがあります．このようなサージ電圧が印加されても壊れないことが求められるので，ダイオードを選定する場合は，実際に電源に実装した状態で雷サージ試験を行い確かめる必要があります．

もしも放熱器に取り付けて使用する場合は，実際に入力整流器を放熱器に固定して反りによる隙間がどのくらい発生しているかを確認することをお勧めします．隙間が生じる場合には最悪条件で温度測定する必要があります．

第3章 入力部の設計

3-8 パワーサーミスターTH$_{11}$

　LCA75Sでは図3-8の位置に接続していますが，入力電解コンデンサーに直列に入る箇所であれば動作上は問題ありません．突入電流 $30A_{typ}$ という仕様を実現するため，入力電解コンデンサー C_{15} に直列に，電流を制限する抵抗 R_s として接続します．

　電源投入時は入力電解コンデンサーの電圧は0Vなので，入力電圧はすべてパワーサーミスターに印加されます．

　仕様書に従い，AC100Vでパワーサーミスターに流れる電流を $30A_{typ}$ にできる抵抗値 R_s は，

$$R_s = \frac{入力電圧のピーク値V_{peak}}{突入電流仕様値}$$
$$= \frac{AC100[V] \times \sqrt{2}}{30[A]}$$
$$= 4.7[\Omega]$$

となるので，4.7Ω以上の抵抗値のパワーサーミスターを選定すればよいことがわかります．

　パワーサーミスターの選定は抵抗値のほかに，B定数と最大許容電流があります．

　B定数は，温度でどれだけ抵抗値が変化するのかを表す数値です．大きな値ほど動作中の高温状態での抵抗値が下がるので損失が少なくなりますが，低温で抵抗値が上がりすぎ，電源への供給電力不足になって定格出力が出なくなり，図3-9のような起動不良が発生します．図3-9で定格出力電圧が出るようになっているのは，動作中にパワーサーミスターの自己発熱で温度が上昇して抵抗値が下がったからです．

　最大許容電流は2倍ほどの余裕が欲しいところですが，大きな物を使用すると突入電流による温度上昇が少なくて抵抗値が下がらず，電源への供給電力不足になり図3-9の起動不良が発生します．

　どのようなパワーサーミスターを採用しても温度を下げるとパワーサーミスターの抵抗値が上がるので，必ず発生する不具合です．「電源の仕様値の温度に対する

パワーサーミスターTH$_{11}$

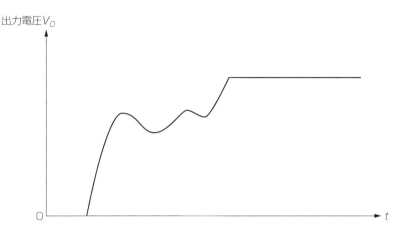

図3-9 パワーサーミスターが原因での起動不良
(低温,低入力,定格出力で発生しやすい)

余裕がどれだけあるのか?」,「ユーザーの使用条件に対する余裕はあるのか?」を,机上と実験の両方で確認する必要があります.

また,常時発熱する部品なので基板に密着してハンダ付けすると基板温度が高くなってしまいます.リード線を長くして,素子の熱を基板に伝わりにくくする工夫が必要です.リード長さを保証できるようリード線をフォーミング(曲げて)して使用することをお勧めします.

写真3-1 パワーサーミスターのフォーミング例(a)　　写真3-2 パワーサーミスターのフォーミング例(b)　　写真3-3 パワーサーミスターのフォーミング例(c)

第3章 入力部の設計

3-9 接地コンデンサー C_{13}, C_{16}

接地コンデンサー C_{13}, C_{16} の選定で重要なのは「耐圧」,「安全規格」,「雑音端子電圧・雑音電界強度」,「漏洩電流」です.

耐圧は, 筐体を接地された場合には入力電圧がそのまま印加するので, 入力電圧に応じた耐圧の製品を使用します.

安全規格は, 電源の仕様に適合した規格の製品を使用します.

雑音端子電圧と雑音電界強度のコモンモード方向の雑音端子電圧や電界強度を低減させる目的で図3-10のように電源ラインとFG(シャシー:筐体)間に接続しますが, 静電容量は出力トランス設計後でなくては設定できないので**第8章**で詳しく説明します.

漏洩電流 I_r は, 電源の筐体(FG)が大地に接地されていない状態で人間が電源の筐体(FG)に触ると感電する恐れがある電流値のことです.

静電容量が小さいほうが漏洩電流 I_r は小さくなるのですが, 雑音端子電圧が大きくなるので, 双方のトレードオフで決定します.

LCA75Sの漏洩電流 I_r の仕様値は $0.5\mathrm{mA}_{max}$ (60Hz)です. そこで, 静電容量 C_y は入力電圧仕様の最大値 $V_{i\,max}=132\mathrm{V}$ でも漏洩電流 I_r は 0.5mA を超えないように計算します.

$$C_y [\mathrm{pF}] = \frac{10^9 \times 漏洩電流 I_r [\mathrm{mA}]}{2\times\pi\times 周波数 f[\mathrm{Hz}] \times 最大入力電圧 V_{i\,max}[\mathrm{V}]}$$

$$= \frac{10^9 \times 0.5 [\mathrm{mA}]}{2\times\pi\times 60[\mathrm{Hz}] \times 132[\mathrm{V}]}$$

$$\fallingdotseq 10000 [\mathrm{pF}]$$

接地コンデンサーの合計が10000pFを超えないように雑音端子電圧計算でラインフィルターのインダクタンス値を設定する必要があります. ただし, 接地コンデンサーが同じ静電容量 C_y でも接地箇所が「整流器の前に接続」した場合と「整流器の後に接続」した場合とで漏洩電流 I_r の測定値が異なるので注意してください.

表3-1に示すように片相接続状態(電源スイッチで片相だけを切断した状態)で測定した場合は, 接地コンデンサーの接地箇所に関係なく, 接地コンデンサーの静

接地コンデンサーC_{13}, C_{16}

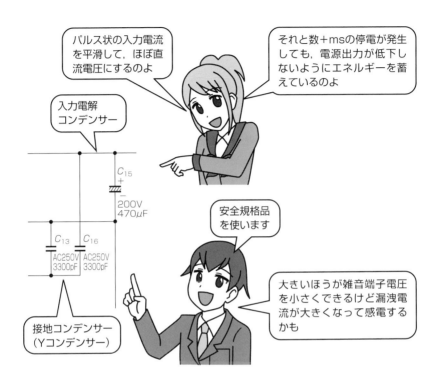

図3-10 入力電解コンデンサーと接地コンデンサー

電容量の合計で計算したとおりの漏洩電流分が流れますが、両相接続状態（通常動作中）で測定すると、片相接続状態よりも小さく測定されることが多いのです．

接地する箇所をどこにするのかは、基板のパターンをみて配置しやすい箇所から接地するか、雑音端子電圧を実測して小さくなる箇所から接地します．

LCA75S は 3300pF を 2 個使用し、**表 3-1** の項目番号 3 の接続を実施しています．漏洩電流 I_r が大きく測定される片相接続で計算すると、

漏洩電流 $I_r = \omega \times$ 接地コンデンサー静電容量 $C \times$ 最大入力電圧 V_i
$= 2 \times \pi \times 60 [\text{Hz}] \times (3300 [\text{pF}] \times 2) \times 132 [\text{V}] \times 10^{-9}$
$= 0.328 [\text{mA}]$

となります．

静電容量のバラツキが 20% ならば、漏洩電流仕様値 I_r の 0.5mA に対して 0.5mA × 0.8 = 0.4mA 以下にしなくてはならないので、3300pF が 2 個で限界ということがわかります．

第3章　入力部の設計

表3-1　接地コンデンサーの接地方法と漏洩電流の関係

1個当たりの接地コンデンサーの静電容量は同じとします．
また，漏洩電流は低周波成分だけを考慮しています（LCA75Sは項目番号3）．

項目番号	接地箇所 整流器前	接地箇所 整流器後	両相接続 通常動作中	片相接続 電源スイッチで片相だけオフした状態
1	接地なし	接地なし	0 [mA]（0 [倍]）	0 [mA]（0 [倍]）
2	相間コンデンサー C_{11}	+や−から1個だけ	（約0.7 [倍]）	（1 [倍]）
3	相間コンデンサー	+と−の両方接地	（約1.4 [倍]）	（2 [倍]）
4	LやNのいずれかから1個だけ 相間コンデンサー C_{11} C_{y1}	接地なし	漏洩電流 $I_r = \omega \times C \times V_i$ $= 2 \times \pi \times 60 \text{[Hz]} \times 3300 \text{[pf]} \times 132 \text{[V]} \times 10^{-9} = 0.164 \text{[mA]}$ これを基準とする（1 [倍]）	
5		+や−から1個だけ	LとNを入れ替えて大きいほうの値（約1.6 [倍]）	（2 [倍]）
6		+と−の両方接地	LとNを入れ替えて大きいほうの値（約2.2 [倍]）	（3 [倍]）
7	LとNの両方から接地 相間コンデンサー C_{11} C_{y1} C_{y2}	接地なし	（1 [倍]）	（2 [倍]）
8		+や−から1個だけ	（約1.6 [倍]）	（3 [倍]）
9		+と−の両方接地	（約2.2 [倍]）	（4 [倍]）
考察			接地箇所で，漏洩電流値が異なる	接地箇所によらず，接地コンデンサーの静電容量に比例して漏洩電流が決まる

3-10 入力電解コンデンサー C_{15}

　入力電解コンデンサー C_{15} の選定に必要な計算は「寿命」,「耐圧」,「リップル電流」,「静電容量」です.

　寿命は,「使用する電解コンデンサーの基本寿命」に「使用する電解コンデンサーの温度やリップル電流などを基に計算する係数」を掛け算して求めます.

　その寿命で電源装置の保証年数を守れるように，入力電解コンデンサーの種類の選定や，温度とリップル電流の目標値を設定します.

　寿命を満足できる温度やリップル電流は電解コンデンサーメーカーや品種によって異なるので各自でカタログを調査したりメーカーへ問い合わせたりしてください(基本寿命は電解コンデンサーメーカーの努力によって年々延びているので，設計する時点で調査願います).

　耐圧は，入力電圧仕様の最大値を整流して得られる整流電圧を計算します.

$$整流電圧〔V〕= 入力電圧の最大値〔V〕\times \sqrt{2} - ダイオードの順方向電圧 V_F \times 2$$
$$= 132 \times \sqrt{2} - 1 \times 2 \fallingdotseq 186.7 - 2$$
$$= 184.7$$

　これに対して，余裕をみて200V耐圧品を使用します.

　リップル電流は，今の段階では概略計算しかできませんが，概略でも計算しておくことで電解コンデンサーの選定に役立ちます.

　入力電解コンデンサーのリップル電流は低周波リップル電流と高周波リップル電流の2種類があります. 低周波リップル電流は入力電流によって流れる電流で，高周波リップル電流はインバーターに流れる電流によって発生する電流です.

　低周波リップル電流は，第10章の178ページ図10-14の正弦波近似式を用いると概略計算に便利です.

$$低周波リップル電流〔A〕 = \sqrt{(入力電流の実効値 I_{rms}〔A〕)^2 - (入力電流の平均値 I_{ave}〔A〕)^2}$$

　LCA75Sは，3-1-2項から実効電流 $I_{rms} = 1.85\text{A}$, 3-1-3項から $I_{ave} = 0.801$

第3章 入力部の設計

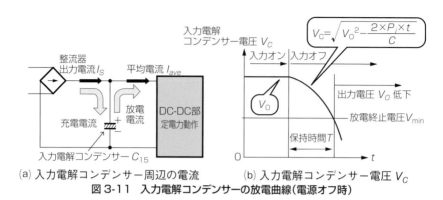

図3-11 入力電解コンデンサーの放電曲線(電源オフ時)

A が計算済みなので,**第10章の図 10-14** の正弦波近似式に代入して,

$$低周波リップル電流〔A〕= \sqrt{1.85^2 - 0.801^2} \fallingdotseq 1.67$$

と求めることができます.

高周波リップル電流は**第10章**の 180 ページ**図 10-16** の矩形波近似式を用いると概略計算に便利です.

$$高周波リップル電流〔A〕= 入力電流の平均値 I_{ave}〔A〕\times \sqrt{\frac{1}{Duty} - 1}$$

今の段階では LCA75S は,3-1-3 項から $I_{ave} = 0.801\mathrm{A}$ が計算済みですが,$Duty$(デューティ)は未定です.経験的に 0.25~0.3 を代入して計算します.

$$高周波リップル電流 = 0.801 \times \sqrt{\frac{1}{0.25} - 1} \fallingdotseq 1.39〔A〕$$

ここで求めた低周波リップル電流と高周波リップル電流を,**第10章**の 182 ページ**図10-19** へ代入して,電解コンデンサーのリップル電流を計算します.

静電容量 $C〔\mu\mathrm{F}〕$は,電源仕様の保持時間 T を満足できる値から計算します.

保持時間 T は,入力電圧がオフしてから出力電圧 V_o が定格値以下になるまでの時間です.入力電圧の低下や停止があっても負荷を安定動作させることができる時間ともいえます.

保持時間 T の計算は,**図3-11** のように出力電圧が定格値を出力できる入力電解コンデンサーの電圧の最低値(放電終止電圧)V_{min} を最初に仮定して行います.

電源オフから V_{min} までの期間は DC-DC 部が一定の電力を出力しているので,入力電解コンデンサーは一定の電力(定電力)を放電しています.

$$コンデンサーに蓄えたエネルギー E_o〔\mathrm{J}〕 - 放電終止電圧でのエネルギー E_{min}〔\mathrm{J}〕$$
$$= DC\text{-}DCコンバーターへの電力 P_i〔\mathrm{W}〕\times 保持時間 T〔\sec〕$$

入力電解コンデンサーC_{15}

ここで、E_o と E_{min} は、

コンデンサーに蓄えたエネルギー$E_o = \dfrac{1}{2} \times C \times V_o^2$

放電終止電圧でのエネルギー$E_{min} = \dfrac{1}{2} \times C \times V_{min}^2$

C：入力電解コンデンサーC_{15} の静電容量
V_o：入力電圧がオフした瞬間の C_{15} の電圧
V_{min}：放電終止電圧

なので、これを上式へ代入すると、

$$\dfrac{1}{2} \times C \times V_o^2 - \dfrac{1}{2} \times C \times V_{min}^2 = P_i \times T$$

となり、静電容量 C でまとめることで、

$$静電容量 C \, [\mu\mathrm{F}] = \dfrac{2000 \times P_i\,[\mathrm{W}] \times T\,[\mathrm{ms}]}{(V_o\,[\mathrm{V}])^2 - (V_{min}\,[\mathrm{V}])^2}$$

が得られます。

この式を用いて LCA75S を計算します。

DC-DC コンバーターへの入力電力 P_i は、出力電力 P_o を DC-DC 部の効率 η（ここでは仮に 0.8 とする）で割った値なので、

$$入力電力 P_i = \dfrac{出力電力 P_o}{\mathrm{DC\text{-}DC}部の効率\,\eta}$$

$$= \dfrac{定格出力電圧 \times 定格出力電流}{\mathrm{DC\text{-}DC}部の効率\,\eta}$$

$$= \dfrac{12\,[\mathrm{V}] \times 6.3\,[\mathrm{A}]}{0.8}$$

$$= 94.5\,[\mathrm{W}]$$

となります。保持時間 T は仕様値から 20ms です。

入力電圧がオフした瞬間の C_{15} の電圧 V_o は、電源の入力仕様で最低入力の 85V を整流平滑した電圧が最小値なので、

$$V_o = 最低入力 \times \sqrt{2} - 入力整流器オン電圧 V_f \times 2$$
$$= 85\,[\mathrm{V}] \times \sqrt{2} - 1\,[\mathrm{V}] \times 2 \fallingdotseq 118\,[\mathrm{V}]$$

放電終止電圧 V_{min} は、次の**第4章**の出力トランスの設計から 75.6V とします。

第 3 章　入力部の設計

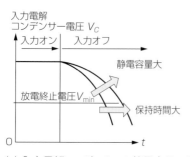
(a) 入力電解コンデンサーの静電容量 C を大きくする

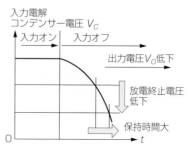
(b) 放電終止電圧 V_{min} を低くする

図 3-12　保持時間を長くする方法

$$静電容量 C [\mu F] = \frac{2000 \times P_i [W] \times T [ms]}{(V_o [V])^2 - (V_{min} [V])^2}$$

$$= \frac{2000 \times 94.5 [W] \times 20 [ms]}{(118 [V])^2 - (75.6 [V])^2}$$

$$= 460$$

という結果が得られたので，$460 \mu F$ 近傍の $470 \mu F$ 品を選定します．

設計を進めるうちに保持時間が短くなってしまった場合は**図 3-12** の対策を行います．

いずれの対策にも副作用が伴いますが，どちらの副作用が許容できるかを判断するのが設計者の力量です．

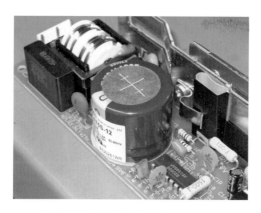
写真 3-4　入力電解コンデンサー周辺

第4章

出力トランス

　スイッチング電源の善し悪しをもっとも左右するのは出力トランスです．入力部・インバーター部・出力部ともに，使用する部品はメーカーに依存するところが多く，実際に電源設計者が部品内部を設計することは稀ですが，出力トランスだけは電源設計者が具体的に設計・組み立てができ，「電源の効率」，「インバーター素子や出力整流器へのストレス」，「雑音端子電圧」，「電源の外形・質量」……など，電源の主要な性能に大きく影響します．また，他人が設計した出力トランスを分解しても，基礎やノウハウがわからなければ同様の部品で出力トランスを組み立てても，なぜか同じ性能が得られません．このように，電源としてのノウハウが詰まっている最重要部品です．

第 4 章　出力トランス

4-1　構成部品

主要な構成部品について説明します．

4-1-1　巻線

出力トランスやコイルに巻く巻線用の電線をマグネットワイヤ(Magnet Wire)といいます．

マグネットワイヤで，スイッチング電源に一般的に使用しているポリウレタン銅線(Polyurethane enamelled copper wires)に関連する主な規格について説明します．

(1) JIS 規格

規格番号 JIS C3202 に規定されています．UEW は JIS 規格のポリウレタン銅線で，1 種ポリウレタン銅線(1UEW)は 1 番皮膜が厚く，2 種ポリウレタン銅線(2UEW)，3 種ポリウレタン銅線(3UEW)と皮膜が薄くなります．

(2) UL 規格

UL 規格は直接マグネットワイヤに関して規定したものはなく，ANSI 規格を適用しています．電線メーカーのイエローカードには ANSI 規格の電線記号(MW-75C など)で表記されています．

(3) ANSI 規格

NEMA(National Electrical Manufacturers Association)が規格作成機関で，作成された規格を国家規格として承認するのが ANSI(アメリカ規格協会：American National Standards Institute)です．

(4) NEMA 規格

規格番号 NEMA MW1000 に Wire & Cable として規定されています(NEMA はマグネットワイヤの規格のみを作成しているわけではなく，その他各

種の規格作成も行っています).

ポリウレタン銅線は MW-75C, MW-2C という記号です. それぞれについて寸法・耐熱性・ハンダ付け性などの特性が規定されていて, 各銅線について Single, Heavy, Triple の 3 種類があり, JIS 規格と同様に絶縁皮膜の厚さを表しています.

JIS と NEMA の規格間に要求される事項は異なるので, 電線メーカーが 1UEW のワイヤを作っても, それが MW75-C としての要件に適合しているかわからないので, 使用する電線メーカーごとに NEMA 規格に適合しているかを確認しなくてはなりません.

4-1-2　コア

スイッチング電源で使用するのは, 電流 I に比例して磁束密度 B が容易に変化する「軟(ソフト)磁性材料」です. 磁石のように電流 I を流しても磁束密度 B が変化しにくい「硬(ハード)磁性材料」では磁束 ϕ の変化でエネルギー E を伝えたり蓄えたりすることが難しいので特殊用途以外は使用しません. その軟磁性材料には, 金属を主成分としたものと金属の酸化物を主成分としたものがあります.

(1) 金属が主成分

製法は「粉を金型で固めて焼結」,「テープ状の板を巻き取る」,「板状に抜いて重ねる」などがあります.

一般的に飽和磁束密度 B が大きい(磁気飽和しにくい)という長所と, フェライトよりも高周波領域(約 100kHz 以上)で鉄損大という短所があります.

飽和磁束密度 B が大きいという長所を活かすために直流電流 I_{DC} が大きくて, 鉄損 P_{loss} が大きいという短所を目立たなくするために電流変化 ΔI が小さな部分に適します(出力コイルなど).

(2) 金属の酸化物が主成分

金属の酸化物の粉を金型に入れて固めて焼結したコアを「フェライトコア」といいます. フェライトコアは, 金属を使用したコアよりも飽和磁束密度 B が小さいという短所がありますが, 高周波領域でも磁束密度変化 ΔB が大きくても鉄損 P_{loss} が小さいという長所があります.

磁束密度 B が小さいので大きな直流電流 I_{DC} が流れる箇所は苦手ですが, 鉄損 P_{loss} が小さいので, 電流変化 ΔI が大きな部分に適します(出力トランスや電

第4章 出力トランス

流変化 ΔI の大きなコイルなど)．

4-1-3 絶縁テープ

　燃えにくさと，絶縁の強さが必要です．燃えにくさの保証は，UL510FR に適合していることで確認できます．

　絶縁の強さの保証は，UL746A の CTI(比較トラッキング指数：Comparative Tracking Index)の値で行います．

(1) UL510FR

　テープの基材または粘着剤に自己消火性があり，炎に触れても比較的着火しにくい性質を持っていて，仮に燃えたとしても燃焼速度は通常の粘着テープよりも炎の広がりが少ないことが必要です．

　試験方法は，19mm 幅のテープをスチール棒にハーフラップするように巻きつけ，これを3回行い，試験片として試験片の上方にクラフト紙の表示旗を付けて下に脱脂綿をおきます．バーナーの炎を15秒間あてて取り去り，ここで試験片の炎が15秒以内に消滅した場合には，15秒経過後再び15秒間バーナーの炎にあてます．15秒以上燃え続けた場合は，炎が消えたら直ちにバーナーの炎をあてます．同様の操作を5回繰り返して，「表示旗が25%以上燃えたか焦げた」，「試験片が出す炎や滴下物により脱脂綿が燃えた」，「5回の接炎のいずれかで60秒以上燃え続けた」に該当しなければ，「Flame Retardant(FR)」と表示できます．

(2) UL746A

　電気特性の UL746A には30項目以上の規格がありますが，テープが関連するものとして CTI 値(比較トラッキング指数)があります．

　トラッキングとは絶縁材料表面上に炭化導電路(トラック)が形成され絶縁性を失う現象で，絶縁テープの表面に湿気(水分)，ほこりなどが付着して漏れ電流が流れトラックが発現することがあり，火災の原因となります．

　以上の条件を満たした上で，トランスの温度の上限まで耐えることが保証された材質で，トランスを伝わって伝送するノイズを低減するために比誘電率が小さく，巻いたときの作業性や，仮止めに使用した場合の適度な粘着性が得られるなどを総合的に判断して選定します．

4-2 銅　損

　銅損とは，トランスやコイルに電流が流れたことによって発生する損失であり，直流損と交流損に分けて考えることができます．交流損の発生メカニズムは**第12章**にわかりやすくまとめたのでそちらをご覧ください．

　直流損を減らすには，巻線の全長を短くするために巻数を減らしたり，巻線の断面積を増やすために線径を大きくする（同時に巻く本数を増やす）ことが有効です．

　交流損は，**第12章**を参照しながら，渦電流が発生しにくい構造を考えて低減します．

　図4-6に示した1次巻線と2次巻線の位置関係で，銅損を減らすために1次巻線や2次巻線で挟み込む構造を紹介していますが，この挟みこむ方法で銅損が異なる場合があります．たとえば，2次巻線を1次巻線で挟み込む構造（これを「1次巻線によるサンドイッチ巻き構造」と称する場合がある）とする場合，1次巻線の巻数が40ターンならば，内側に20ターン，外側に20ターン巻いて直列接続する構造（直列サンドイッチ）と，内側に40ターン，外側に40ターン巻いて並列接続する構造（並列サンドイッチ）の両方を考えることができます．

　1次巻線の線径が同じになるように巻いて温度を測ると，たいていの場合，1次巻線を並列接続した構造のほうが熱くなります．つまり，1次巻線を直列接続した構造のほうが低損失なのです．

　原因は内側と外側に巻いた40ターンの1次巻線に発生する電圧が，厳密には等しくないからです．同じ巻数でも，内側と外側では巻線長さも異なっていますし，2次巻線との結合が異なっているからです．このように発生する電圧が等しくない巻線同士を外部でショートすると，電位差分だけ巻線間に循環電流が流れます．この循環する電流による発熱の増大分だけ損失が増加するのです．

　コイルに並列接続する巻線が存在する場合も1本ずつ巻いて外部で並列接続すると循環電流が流れる場合があるので，並列する巻線ができるだけ同じ条件になるように一緒に巻く構造（バイファイラ巻）をお勧めします．

4-3 鉄損

もっともよく使用するフェライトコアに限定して鉄損を説明します。

鉄損はヒステリシス損失と渦電流損失，残留損失の3項目に分類されます．

4-3-1 ヒステリシス損失

スイッチング周波数で周期的に磁化（エネルギーの蓄積）とリセット（エネルギーの放出）動作をさせて H-B 座標に軌跡を描くと，一定の幅を持つループになります．これをヒステリシスループといい，このループの描く面積がフェライトコアの磁化に消費されたエネルギーで，ヒステリシス損失といいます．

4-3-2 渦電流損失

渦電流損失とは，コア内部の磁束変化によってコア内部に電流が流れることによる損失です．

フェライトの場合は酸化金属の粒塊（グレイン）どうしが絶縁された構造に焼結しているので，絶縁抵抗で渦電流が変化します．具体的には，グレインの大きさ＝数十μm，グレイン内の導電率＝数十〔$1/\Omega \cdot m$〕，比透磁率＝3000（真空の透磁率 $\mu_0 = 4 \times \pi \times 10^{-7}$H/m）とすると，スイッチング電源を設計する場合，グレイン内の過電流は問題になりませんが，グレイン間抵抗値の高いものを選択してください．

4-3-3 残留損失

この残留損失はヒステリシス損失と渦電流損失以外の鉄損の総称です．高周波（数 MHz 以上）で増加する傾向にあるので，通常のスイッチング周波数ではあまり考慮しなくてもよいのですが，高周波で損失が増加するということを逆に長所としてとらえて，積極的に残留損失を増加させて高周波のノイズを吸収させるようにしたコアを用い，ノイズフィルタや電波吸収材などに活用されています．

4-4 設計（LCA75S-12）

4-4-1 コアサイズを決める

コアサイズは，初心者であれば似た電力の電源からそのまま真似て計算を進めてください．ただし，目標とする電源の外形に入らない場合は，メーカーのカタログから大きさに合うコアとボビンを探してください．

カタログになかった場合は，コアとボビンを特注するということもありますが，毎月数千台生産する機種でなければ，コアとボビンの金型代の減価償却ができませんのであまりお勧めできません．ただし，「その外形に入れば高額になっても買っていただけるユーザーがいる」場合や，「売れなくてもいいからフラッグシップモデルとして展示会用に作る」という場合は，頑張って作ってください．

いずれにしてもコアサイズを仮に決めてから設計を進めて，詳細設計で問題点があればサイズを変更することにします．

図4-1　出力トランスの1次巻線P

第4章　出力トランス

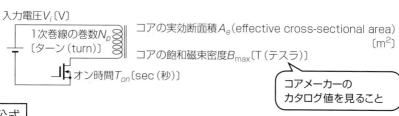

公式

コアの磁束密度 B [T] = $\dfrac{\text{入力電圧}\ V_i\text{[V]} \times \text{オン時間}\ T_{on}\text{[sec]}}{\text{コアの実効断面積}\ A_e\text{(カタログ値)[m}^2\text{]} \times \text{1次巻数}\ N_p\text{[ターン]}}$

この式から，巻数 N_p を小さくすると，コアの磁束密度 B が大きくなり，コアが磁気飽和してしまう恐れがあることがわかる．

そこで，飽和しない N_p を把握する必要がある．
上式から，

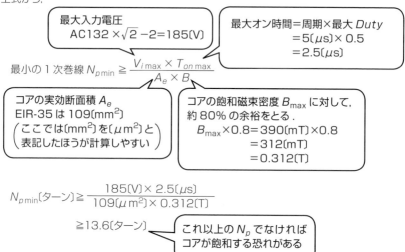

図 4-2　1次巻線の巻数 N_p の最小値計算

4-4-2　1次巻線Pを決める

1次巻線はプライマリー（primary）と呼称するので，「P」という記号で表します（図 4-1 参照）．

図 4-2 で1次巻線の巻数 N_p を求めますが，これはあくまでもこれ以下にできないという値で，損失の最小値ではありません．図 4-3 のように巻数を変えて損失計算を行って，2次巻線との兼ね合いと実際にきれいに巻けるかなどを考慮して，できるだけ損失が最小になる巻数に決めます．

図 4-3 の各巻数での銅損 P_{Cu} は，巻線に流れる電流波形をフーリエ級数展開

設計(LCA75S-12)

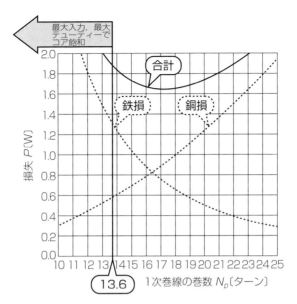

図 4-3　1次巻線の巻数 N_p と損失の関係

し，各周波数の巻線の交流抵抗 R_{AC} を実際に巻いてインピーダンスアナライザーで実測して計算します．フーリエ級数展開の方法は**第11章**を参照してください．

銅損 P_{Cu} ＝直流成分 I_{DC}^2×直流抵抗 R_{DC}
　　　　　＋基本波 I_1^2×基本波での抵抗値 R_1
　　　　　＋2次高調波 I_2^2×2次高調波での抵抗値 R_2
　　　　　＋……

（何次の高調波で収束するかは，実際に計算してみないとわかりません）

図 4-3 の各巻数での鉄損 P_{Fe} は，メーカー発表の周波数 f と磁束密度 B_m の鉄損グラフから求めます．メーカー発表のグラフは正弦波の値で，かつ，磁束密度 B_m は $\Delta B/2$（ΔB：磁束密度の peak to peak）の値です．矩形波電圧を印加した場合は三角波の磁束密度 ΔB が流れるので，磁束密度 ΔB を計算して三角波のフーリエ級数展開を行って各周波数成分 f_n の磁束密度 B_m を計算し，その周波数 f_n と磁束密度 B_m の鉄損 P_{Fe} をメーカー発表の鉄損グラフから読み取って累積します．

磁束密度が小さい場合や周波数が高い場合は，無理やりにでも仮の線を推測して引いて読み取るか，磁束密度や周波数の何乗で鉄損 P_{Fe} が変化するかを求めてから計算することをお勧めします．

第4章 出力トランス

図4-4 出力トランスの2次巻線 S

何次の高調波で収束するかは実際に計算してみないとわかりませんが，三角波なので収束は早いと思います．

2次巻線 S を決めた後，実際に巻数を可変した出力トランスを製作して温度を確認します．

4-4-3　2次巻線Sを決める

2次巻線はセカンダリー(secondary)と呼称するので，「S」という記号で表します(図 4-4 参照)．

図 4-5 で2次巻線の巻数 N_s を求めます．

計算で，たとえば 4.5 ターンとなった場合が一番悩みどころとなります．

4 ターンにすれば，2次巻線の巻数が少なくなった分だけ低損失になりますし，1次巻線に流れる電流のピーク値も小さくなるので全体として低損失になるのですが，デューティーが大きくなることで放電終止電圧が上昇します．放電終止電圧が上昇すると，保持時間が短くなるので対策として入力電解コンデンサーの容量を大きくしなくてはいけなくなります．その分だけ外形が大きくなり，コストアップにもつながってきます．また，2次巻線に発生する電圧が低下するので，出力整流器の耐圧が楽になるというメリットもあります．

5 ターンにすれば，デューティーが小さくなることで放電終止電圧が低下し，保持時間を長くすることができます．その分だけ入力電解コンデンサーの容量を

設計(LCA75S-12)

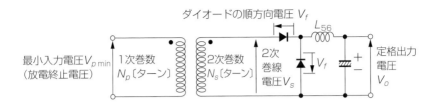

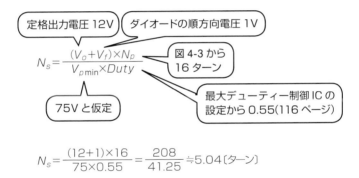

$$N_s = \frac{(12+1) \times 16}{75 \times 0.55} = \frac{208}{41.25} \fallingdotseq 5.04 \text{〔ターン〕}$$

そこで，整数である5ターンに決定(この場合の放電終止電圧 $V_{p\,min}$ は 75.6V).

図 4-5　2次巻線の巻数 N_s の計算

小さくすることができます．しかし，2次巻線が多くなった分だけ損失が増加しますし，1次巻線に流れる電流のピーク値も大きくなるので全体として損失が増加します．その分だけ出力トランスが熱くなったり1ランク大きなものにしなくてはいけなくなったりします．また，2次巻線に発生する電圧が上昇するので，出力整流器の耐圧が大きくなるというデメリットもあります．

つまり，入力電解コンデンサーに余裕が取れる場合は4ターン，出力トランスや出力整流器に余裕が取れる場合は5ターンにします．

第4章 出力トランス

4-5 1次巻線と2次巻線の関係

　1次巻線と2次巻線は，磁気結合が良くて静電容量が小さいのが理想です．しかし，図4-6のように静電容量を小さくしようとすると磁気結合が悪くなり，磁気結合を良くしようとすれば静電容量が大きくなるので，目的に応じて選定してください．

　LCA75Sでは静電容量を減らすために分割ボビンを製作しました．これで1次巻線と2次巻線との静電容量は13pFという，とても小さな値を実現しています．磁気結合はサンドイッチ巻き構造を取ることで向上させています．

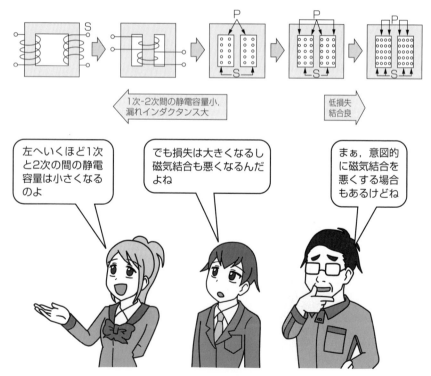

図4-6　1次巻線Pと2次巻線Sとの位置関係

等価容量

4-6 等価容量

ここでいう等価容量 C_{OT} とは，実際に図 4-7 の状態でコモンモード電流 I_{COM} を流す静電容量のことです．

図 4-8(a) のような 1 次巻線と 2 次巻線を直接測定して得る静電容量 C ではなく，図 4-8(b) のようにインバーター(INV)が動作したときに流れるコモンモード電流 I_{COM} から計算して得る静電容量 C_{OT} です．

具体的には，図 4-9 のように最初に安定電位がどこにあるのかを調べ，図 4-10 のように 1 次巻線と 2 次巻線の電位差が最小になるようにトランス内部の構造を決めることで，インバーターが動作してもコモンモード電流 I_{COM} が流れにくい，雑音端子電圧(雑端)の小さなトランスが得られます．

図 4-10 では 1 次巻線と 2 次巻線が同じ巻数で 1 層構造なので完全に打ち消

図 4-7 コモン電圧の発生メカニズム

第4章 出力トランス

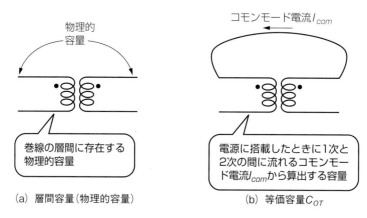

(a) 層間容量（物理的容量）　　(b) 等価容量 C_{OT}

図4-8　C_{OT} の定義

雑音端子電圧計算で使用する C_{OT} を求めるために，回路の安定電位を把握する必要がある．

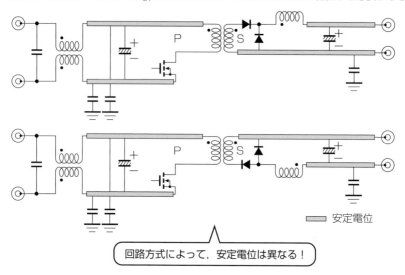

図4-9　回路の安定電位

しができますが，異なる巻数で多層構造の場合でも1次巻線と2次巻線の電位差が最小になる構造を探してください．その上で，1次巻線と2次巻線のテープ厚みを増してできるだけ1次巻線と2次巻線を離すことで，小さな C_{OT} の出力トランスを得ることができます．

具体的な測定方法を**図4-11**に示します．測定する周波数は，コモンモード電

等価容量

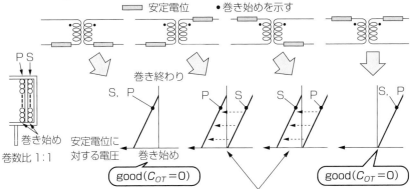

図4-10 安定電位と C_{OT}

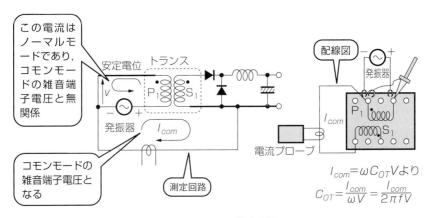

図4-11 C_{OT} の測定方法

流が正確に測定できるようにできるだけ高い周波数に設定してください（数百kHz以上を推奨します）．

使用する電流プローブは，できるだけ高周波特性が良くて感度の高いものを選定してください．また，電圧プローブのグラウンド線は必ず安定電位側に接続してください．

第4章 出力トランス

初めてのトランス組み立て

新入社員の幸です
電子工学科を卒業してきました
じゃこのトランス組み立てて
図面

ず〜っと何してるの
ボク組み立て方全然わかりません
大学ではシミュレーションだけやってたし

第5章 出力部の設計

出力部は，トランスからのパルス波形をダイオードで整流して，コイルとコンデンサーで平滑するといういたってシンプルなところです．基本に従って，整流部・平滑部・その他と順番に説明していきます．

第5章 出力部の設計

5-1 整流部

図5-1に示す出力整流平滑回路の整流部の説明をします.

5-1-1 耐 圧

図5-2からLCA75S-12の最大入力電圧はAC132Vなので，直流に変換後は185Vとなります．インバーターがオン状態でトランスの1次巻線N_pに185V印加するので，2次巻線N_sには巻数倍(N_s/N_p)された電圧57.8Vが発生します．

図5-2に示すようにダイオードには最大114Vの逆電圧が印加することを想定します．これに対して充分マージンをみて200Vのダイオードを使用することにしました．

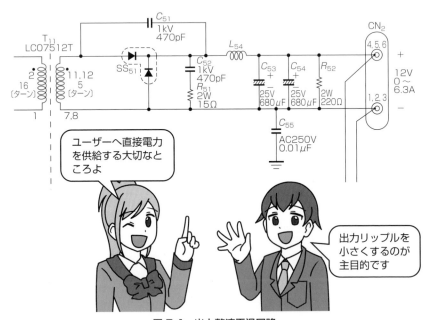

図5-1 出力整流平滑回路

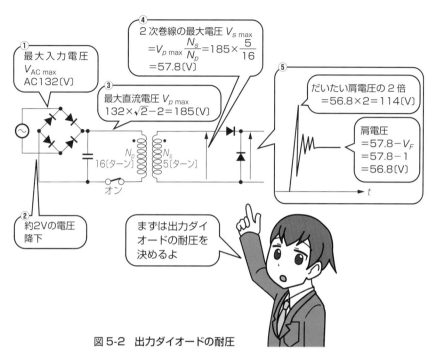

図 5-2　出力ダイオードの耐圧

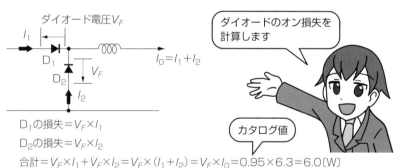

図 5-3　出力ダイオードの損失計算

5-1-2　電　流

図 5-1 の回路図の 2 個のダイオードに流れる電流は，合成すると出力コイルに流れる電流になります．つまり，出力電流が平均値です．

LCA75S-12 は 6.3A が出力電流なので，ダイオードに流れる電流の平均値も 6.3A になります．

第 5 章　出力部の設計

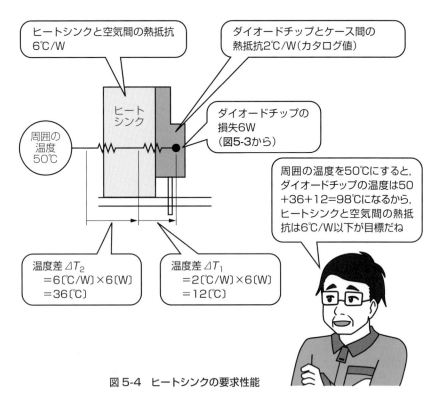

図 5-4　ヒートシンクの要求性能

5-1-3　損　失

ダイオードのオン電圧 V_F は，カタログから $0.95\mathrm{V_{max}}$ ということがわかります．LCA75S は D_1 と D_2 が 1 個にまとまって出力電流 I_o がすべて流れているので，

ダイオードの損失 $P = V_F \times I_o = 0.95 \times 6.3 = 6.0〔\mathrm{W}〕$

となります（図 5-3 参照）．D_1 と D_2 が分かれている場合は，1 個 1 個の平均電流を計算して損失計算を行います．

5-1-4　放　熱

ダイオードのチップ（ジャンクション）とケース間の熱抵抗はカタログから 2℃/W です．ここに 6W 損失しても周囲温度 50℃ でチップの温度を 100℃ 以下にするには，図 5-4 からヒートシンクと空気との熱抵抗は 6℃/W 以下にしなくてはならないということがわかります．この 6℃/W という値を目安にしてヒートシンクの設計を行いましょう．

今ならば熱シミュレーションで計算できるので，活用されることをお勧めします．

5-2 平滑部

次に図5-1の回路の平滑部について説明します．

5-2-1　コイルに流れる電流

定格電流の10～20％で臨界モードになるように設定します（図5-5 参照）．この定格電流の10～20％というのは経験値なので変えてもいいのですが，大きくするとコイルに流れる交流成分が増加するので交流成分による損失は小さくなくてはなりませんし，出力リップルが増加するので出力電解コンデンサーも増やさなくてはなりません．臨界モードになる電流を小さくするとコイルの外形が大きくなってしまいます．それらを総合的に判断して，電源の仕様に最も合うように設定してください（図5-5の$Duty$は任意に可変してください）．

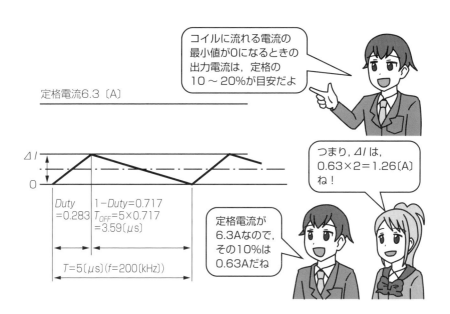

図5-5　コイル電流の最低値が0になる出力電流（臨界電流）の設定

第 5 章 出力部の設計

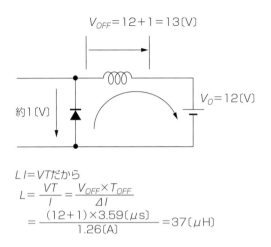

図5-5の電流波形になるコイルのL値は，インバーターオフ時の動作で考えると簡単ね

図5-6　出力コイルの L 値

5-2-2　コイルのインダクタンス値

リップル電流波形が求まったので，それを実現するためのインダクタンス値を図5-6で計算します．オン状態やオフ状態のいずれでも計算できますが，オフ状態の計算の方が電圧を1個だけ扱えばよいので楽だと思います．

5-2-3　コイルの巻数と飽和特性

コアの磁束密度の式から，飽和しない巻数を計算します．計算は随所に余裕をみて行います．これは，コイルにフェライトコアを使用しているので，設定値を超えた場合，急に飽和してインバーターが危険な状態になるからです．しかし，飽和するまで一定のインダクタンス値なので，出力リップル計算が楽です．

緩やかな飽和特性を持つコアを使用した場合は，飽和に対してフェライトほど神経質になる必要はありません．ただし，定格を流した状態でのインダクタンス値は仕様書をしっかりと交わして守ってもらうようにしないと，出力リップル仕様を逸脱する場合があるので注意してください．

5-2-4　コイルのギャップ

図5-8のように，求めたインダクタンス値になるようにギャップ材の厚みを選

平滑部

> **公式**
> コアの磁束密度 $B[\mathrm{T}] = \dfrac{\text{インダクタンス } L[\mathrm{H}] \times \text{コイルに流れる電流 } I[\mathrm{A}]}{\text{コアの実効断面積 } A_e (\text{カタログ値})[\mathrm{m}^2] \times \text{巻数 } N[\text{ターン}]}$

　この式から，巻数 N を小さくするとコア磁束密度 B が大きくなり，コアが磁気飽和してしまうので，飽和しない N を把握する必要がある．
　上式から，

図 5-7　コイルの巻数 N

定します．なお，ギャップ材ではなくて，中足を削った「中足ギャップ」という方法でギャップを得る方法もあります．外部に漏れ磁束が出にくい構造なのですが，内部に発生する磁束が大きくなるので，渦電流による近接効果が激しく発生して発熱が大きくなるので，メリットとデメリットを考慮して，どちらがいいかを選定してください．

第5章 出力部の設計

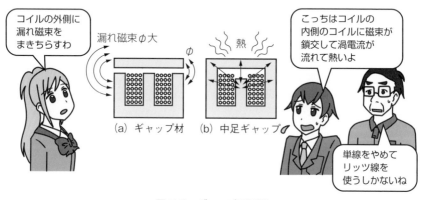

図5-8 ギャップ材

図5-9 ギャップの種類

5-2-5 コンデンサーによる平滑

図5-10にコンデンサーの各部の成分のどれにリップル電圧が発生するのかを計算してみました.

コンデンサー成分 C には $0.6\mathrm{mV}$, 抵抗成分 R には $30\mathrm{mV}$, インダクタンス成分 ESL には $6.4\mathrm{mV}$ となりました. この結果から, 出力リップルはほとんど抵抗成分といえるので, 抵抗成分だけで計算してもよいと思います. ただし, 5V出力仕様になるとコイルのインダクタンスが小さくなり, 相対的に出力コンデンサーのインダクタンス成分が大きく効いてくるために, インダクタンス成分によって発生する矩形波が, 抵抗成分によって発生する三角波に重畳して段が発生する

平滑部

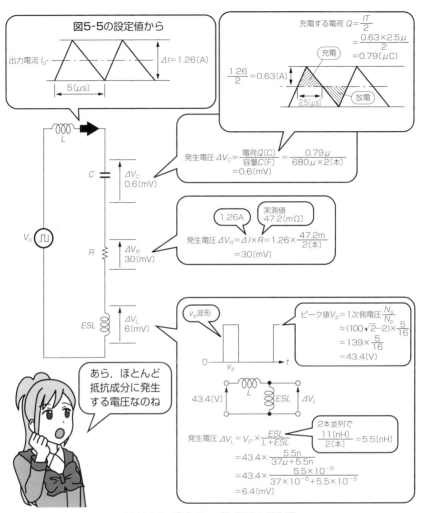

図 5-10　出力リップル電圧の発生源

ので，インダクタンス成分も考慮して設計しなくてはなりません．

　この LCA75S-12 は出力に電解コンデンサーを使用しているので，図 5-10 のような結果になりましたが，DC-DC コンバーターは出力に積層セラミックを使用しているので傾向は大きく異なります．

　積層セラミックは静電容量が小さく，また抵抗成分も小さいので，出力リップル電圧の発生源はコンデンサー成分ということになるのです．

第5章 出力部の設計

5-3 出力部ほか

5-3-1　CRスナバー C_{51}, C_{52}, R_{51}

実験でスナバー損失・ダイオードの逆電圧・出力ノイズや電界強度を見比べながらトレードオフで決めます（200ページ図11-14参照）．慣れてきたならば，回路シミュレーターを活用して求めてもよいでしょう．

5-3-2　ブリーダー抵抗 R_{52}

ブリーダー抵抗は，なければ無負荷で発振が停止してしまいます．停止すると，サブ電源も停止して1次側制御ICも停止してしまいます．これは，低損失化できてよさそうですが，負荷が急に定格出力電流を要求してきた場合，制御ICの再起動を待たなくてはいけないため，出力電圧が仕様値以下に落ち込んでしまうという不具合が発生します．

サブ電源を内蔵している電源でも，発振停止状態のICから急に定格出力電流を取り出すと応答が大きく遅れます．

また，出力可変抵抗が付いている電源の場合にブリーダー抵抗がなければ，無負荷の状態で出力を低下させようとしても，発振が停止するだけで出力電圧は低下しません．これらを回避するために，実験で発振が停止しないぎりぎりの負荷電流を測定し，それに対して数倍の電流を流せる抵抗を付けます．

5-3-3　2次側接地コンデンサー C_{55}

入力（1次側）と出力（2次側）に耐圧試験電圧を印加した場合，C_{13} と C_{15} とで分圧した電圧が C_{55} に加わります．

LCA75Sの仕様値は，入力と出力間は2000V，出力とFG間は500Vです．

ここで，入力と出力間に2000V印加した場合の出力とFG間の電圧 V_2 は，

$$V_2 = V_1 \times \frac{C_1}{C_1 + C_2}$$

から，入力と出力間の電圧やコンデンサー値など，

$$V_1 = 2000 \text{ [V]}$$

$$C_1 = C_{13} + C_{15} = 3300 \,[\mathrm{pF}] + 3300 \,[\mathrm{pF}] = 6600 \,[\mathrm{pF}]$$
$$C_2 = C_{55} = 0.01 \,[\mu\mathrm{F}]$$

を代入すると，

$$\begin{aligned}
V_2 &= V_1 \times \frac{C_{13} + C_{15}}{(C_{13} + C_{15}) + C_{55}} \\
&= 2000 \,[\mathrm{V}] \times \frac{6600 \,[\mathrm{pF}]}{6600 \,[\mathrm{pF}] + 0.01 \,[\mu\mathrm{F}]} \\
&= 2000 \,[\mathrm{V}] \times 0.40 \\
&= 800 \,[\mathrm{V}]
\end{aligned}$$

出力とFGの実力値は800V以上が必要となるので，仕様値は出力とFG間で500Vですが，機構設計するときには800V以上に耐える沿面距離と空間距離を確保します．確保できない場合にはC_{55}をもっと大きな値にするか，$C_{13}+C_{15}$を小さな値にする検討を行います．

5-3-4　出力コネクターCN$_2$

　入力コネクターと同様に小さいコネクターを選定するとコネクターが発熱して危険ですし，大きなコネクターは製品の外形が大きくなったりコストが上昇したりするので出力電流定格の約2倍の余裕をみて選定します．ただし，LCA75Sのような出力電圧バリエーションの多い電源は，もっとも出力電流が大きな種類に合わせる必要があります．具体的には5V出力仕様が出力15Aともっとも大きな機種になるので，この15Aの2倍の余裕をみて30A出力できるコネクターを選定します．

　また，電圧バリエーションの中でもっとも出力電圧の高い機種に合わせて，沿面距離や空間距離を取る必要があります．

　このように電圧バリエーションの多い電源設計は，出力電圧定格のもっとも低い機種の電流が流せて，出力電圧定格のもっとも高い機種でも耐圧に余裕のある部品選定が必要という制約事項が発生するので注意が必要です．

　基板の配線（パターン）も，出力電圧定格のもっとも低い機種の電流を流せない場合，その機種だけ銅板を基板に接続して補強するなどの工夫が必要になる場合もあります．

第 5 章　出力部の設計

初めての出力部設計

第6章

インバーターの設計

インバーターはスイッチング電源の心臓部です．構造はシンプルですが，極めると奥の深いところなので，故障率が上がるような余裕のない使い方をしないように注意しましょう．本章では，スイッチング電源のインバーターのほとんどに使用されているMOS-FETに統一して説明します．

第6章 インバーターの設計

6-1 インバーターのオン損失

インバーター全体の回路といっても図 6-1 のようにシンプルです．

インバーターに流れる電流は，コイルに流れる電流波形から求まる成分と，出力トランスの励磁電流成分 I_m で計算します．

コイルに流れる電流波形からの計算は，コイルに流れる電流波形に N_s/N_p をかけて図 6-2 のように求めます．

励磁電流 I_m は出力トランスに流れる励磁電流のことです．AC100V では，

$$I_m = \frac{V \times T}{L} = \frac{\text{印加電圧 } V_i \times \text{オン時間 } T_{on}}{\text{1 次巻線のインダクタンス } L_p}$$

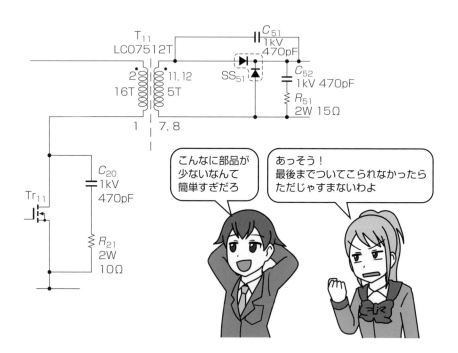

図 6-1　インバーター周辺回路

インバーターのオン損失

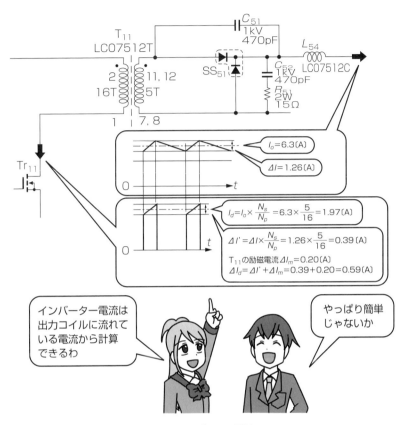

図6-2 インバーター電流 I_d

$$= \frac{(100[\mathrm{V}] \times \sqrt{2} - 1) \times (5[\mu\mathrm{s}] \times 0.283)}{1[\mathrm{mH}] \leftarrow 実測値}$$

$$= \frac{139 \times 1.42\mu}{1\mathrm{m}}$$

$$= 0.20[\mathrm{A}]$$

です．この励磁電流 I_m は後出の図6-8 のようにインバーター波形で重畳具合が変わるので，仮にコイルに流れる電流変化 ΔI から換算した値にそのまま足し算することにします．

求めたインバーター電流波形は図6-3 です．

正確に台形波から計算した実効値は1.055A で矩形波近似して計算した実効値は1.048A なので，開発初期段階のように波形が変わるかもしれない段階では，

95

第6章 インバーターの設計

図6-3 インバーターのオン損失

矩形波近似して計算するだけで充分だと思います．この電流の実効値から図6-3のようにMOS-FETのオン損失 P_{ON} を求めます．これはMOS-FETのオン抵抗 R_{ON} は電流で変化するので近似式ですが，開発初期段階ではこれで充分だと思います．それよりもオン抵抗が温度で上昇することによる誤差のほうが大きいので，事前に何℃にする予定なのかを明確にして，その温度でのオン抵抗を入れるほうが重要です．

この温度によるオン抵抗の上昇を考慮せずにギリギリの設計で試作機を作ると，MOS-FETの温度が上がってオン抵抗が上昇し，さらにMOS-FETの温度が上がってオン抵抗が上昇して熱暴走する場合があるので注意してください．

6-2 インバーターのクロス損失

クロスしている電圧と電流をかけて積分することで求まる$(1/6)VI$に，クロスしている時間をスイッチング電源の周期で割った値をかければ，クロス損失が求まります（図6-4参照）．

実際の波形は，この後で説明するスナバーコンデンサーなどの影響でこのようなきれいなクロスをしないのですが，目安として使用してください．

このクロス損失はスイッチング周波数に比例して増加するので，小型化しようと無理して高周波化するとクロス損失が増加してインバーター用放熱器（ヒートシンク）が大きくなり，小型化できない場合があります．

図6-4　インバーターのクロス損失

第6章 インバーターの設計

6-3 インバーターの容量損失

　$P=1/2 \times C \times V^2 \times f$ による損失は，オン直前に電圧 V がある限り必ず発生します（**図 6-5** 参照）．

　C はインバーターMOS-FETの C_{oss} と，1次側スナバーコンデンサー容量 C_{20} と，2次側スナバーコンデンサー容量 C_{52} の合成で計算します（厳密に計算する場合は巻線容量も計算に入れます）．V はインバーターがオンする直前の電圧です．スナバーコンデンサー容量によっては電源電圧よりも高い場合があります（**図 6-12** 参照）が，通常は電源電圧で計算すればよいでしょう．f はスイッチング周波数です．ただし，この損失はすべてインバーターで損失するわけではありません．スナバーコンデンサーに直列に接続している抵抗と分け合うことになります．分け合う比率はインバーターのスイッチングスピードで変化するので簡単に手計算できません．

　この容量損失はオン損失よりも大きい場合があるので注意が必要です．対策は，スナバーコンデンサーが小さくてもいいように結合のよい出力トランスを設計するとか，ダイオードやコイルを組み合わせてオフからオンに移行するときにコンデンサーからインバーターへ直接流れないように工夫したスナバー回路を採用したり，アクティブクランプ回路を使用したりします．

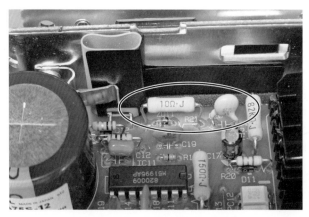

写真 6-1
スナバー回路
（R_{21} と C_{20}）

6-4 インバーターオフ時の損失低減

前項 6-3 で説明したとおり，インバーターに並列に入るコンデンサーはオフからオンに移行するときは損失になりますが，オンからオフに移行するときは図

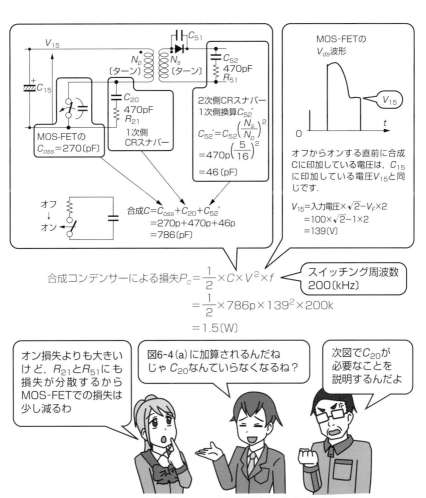

図 6-5　コンデンサーによる損失増加（オフからオン時）

第6章 インバーターの設計

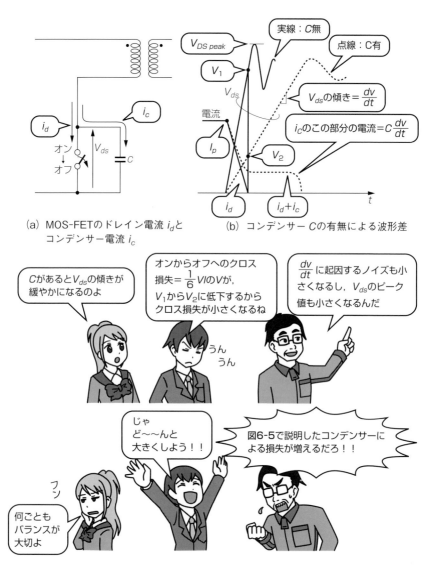

図6-6 コンデンサーによる損失低減(オンからオフ時)

6-6のようにクロス損失を低減する効果があります．また，このコンデンサーは出力ノイズや雑音電界強度を低減するのに有効に作用します．これは矩形波の立ち上がりを緩やかにすることで，**第11章**で説明するように高調波を低減させることができるからです．

インバーターオフ時の曲線部分

6-5 インバーターオフ時の曲線部分

　インバーターオフ期間中に，図 6-7 のような正弦波状の波形が発生します．この曲線をみることで，図 6-8 のように励磁電流 i_m を予測することができます．出力トランスのオフ期間は，電圧よりも励磁電流 i_m で考える習慣を付けるとよいでしょう．
　曲線部分の周波数は図 6-9 のように計算できます．
　漏れインダクタンスと出力トランスを通過する電流によって，オンからオフ時にインバーター電圧が上昇します．出力トランスを通過する電流は出力電流で変化しますので，出力電流を変化させるとインバーター電圧の上昇が変化します．変化したときのインバーター波形は図 6-10 のようになります．ここで，この曲線部分を詳しく説明しているのは，特にオンボード電源のようにスイッチング周

図 6-7　インバーターオフ期間の曲線部分

第6章 インバーターの設計

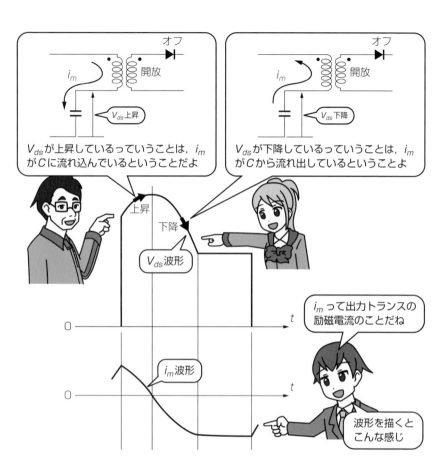

図6-8 インバーターオフ期間の曲線部分の上昇と下降の動作説明

波数が高い場合や，最大デューティーが大きくてオフ期間が短い場合に，図6-11のように負荷が軽いのに過電流が動作することがあるからです．この現象は，オン時に増加した励磁電流がオフ時にリセットされないために発生します．V_{ds}波形の曲線部分が下降に転じていればリセットしているといえるので，必ず下降に転じてからオンしていることを確認しましょう．この曲線部分を解析したのが後出の図6-12の式⑥です．興味があればご覧ください．

そもそも，電源電圧よりも高い電圧の時にオンすると容量による損失が増加するので，そのような設計はしないようにしましょう．それを守っていれば図6-11のようなことには絶対になりません．

インバーターオフ時の曲線部分

図6-9 インバーターオフ期間の曲線部分の周波数

図6-10 インバーターオフ期間の V_{ds} ピーク値

第6章 インバーターの設計

どうしてもCを小さくできない場合は，出力トランスに微小のギャップ材を入れて，

スイッチングオフ時間 $T_{OFF} \ll \dfrac{\text{LCの共振周期}}{4} = \dfrac{\pi\sqrt{LC}}{2}$

になるようにLを小さくする．

図6-11 軽負荷での出力トランス飽和

図6-12はインバーターオフ期間の曲線部分を解析したものです．この曲線部分は回路シミュレーターを使用すれば簡単に求めることができるので今となっては不要かもしれませんが，表計算ソフトなどに式を入れておくことですぐにオフ期間にリセットできるかどうかの判定ができて便利です．

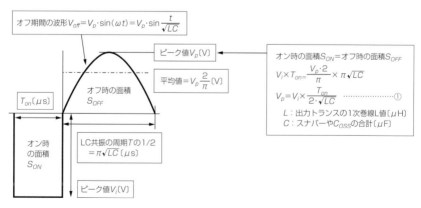

(a) フライバック電圧 $V_o = 0$ の場合の波形計算（オフ時のピーク値と V_p と周期計算）

図6-12(a) インバーターオフ期間の V_{ds} 計算方法（1）

インバーターオフ時の曲線部分

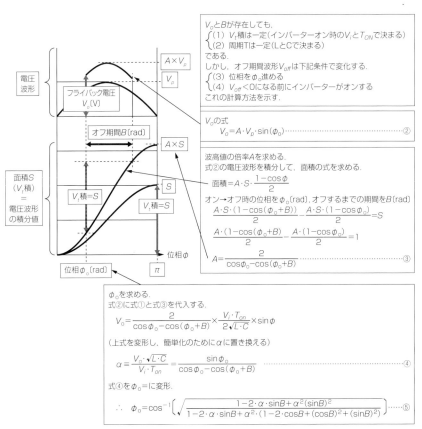

(b) フライバック電圧V_oとオフ期間Bが指定される場合の波形計算（波高値の倍率Aと位相ϕ_0の変化）

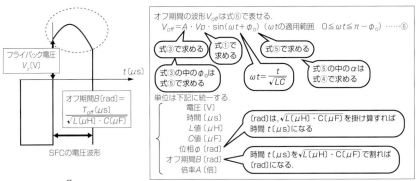

判定：$\phi_0 + B < \dfrac{\pi}{2}$ ならば，トランスのリセットが完了していない状態で次のオンが開始していることを示す．

(c) まとめ

図 6-12(b) インバーターオフ期間の v_{ds} 計算方法(2)

第6章 インバーターの設計

第7章 制御系の設計

制御系の基本動作は制御ICに依存しているので，IC選定を慎重に行いましょう．1次側は，LCA75Sで使用しているルネサス製のM51995APで設計を進めます．2次側は，同じく同社のμPC1093TAまたはHA17431GLPというシャントレギュレーターICで制御して，フォトカプラーで，1次側のM51995APへ制御信号を伝送するまでを述べます．

第 7 章 制御系の設計

7-1 起動回路

制御系の設計として，図 7-1 に示す LCA75S-12 の 1 次側制御回路を使用して説明します．

起動回路の抵抗 R_{16} と R_{23} では，安全に起動し，安全に停止させることが大切です．これは当たり前の動作ですが，当たり前であるがゆえに重要度は高いのです．

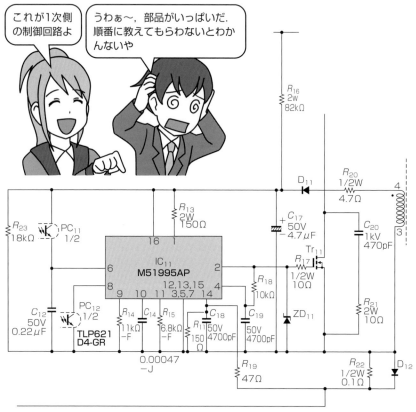

図 7-1　1 次側制御回路（全体）

起動回路

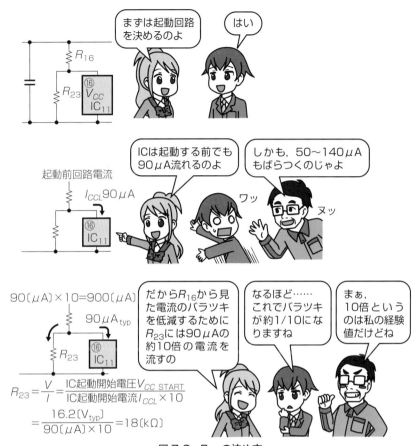

図 7-2　R_{23} の決め方

7-1-1　抵抗 R_{23}

R_{23} はこれがなくても起動させることはできるのですが，IC_{11}（M51995 AP）の起動前電流のバラツキを目立たなくするためと，電源に最大入力電圧が印加している状態で制御 IC を停止させてしまっても制御 IC を壊さないようにするために使用します．

図 7-2 を見てください．IC_{11} が起動していなくても電圧を V_{CC} 端子（16番ピン）に印加すると「起動前電流 I_{CCL}」が流れます．この I_{CCL} は 50～140μA と大きくばらつくので，R_{16} だけで起動させると起動電圧に大きなバラツキが出てしまうのです（たとえば AC50V で起動してしまう電源や，AC140V でも起動しない電源ができたりします）．

109

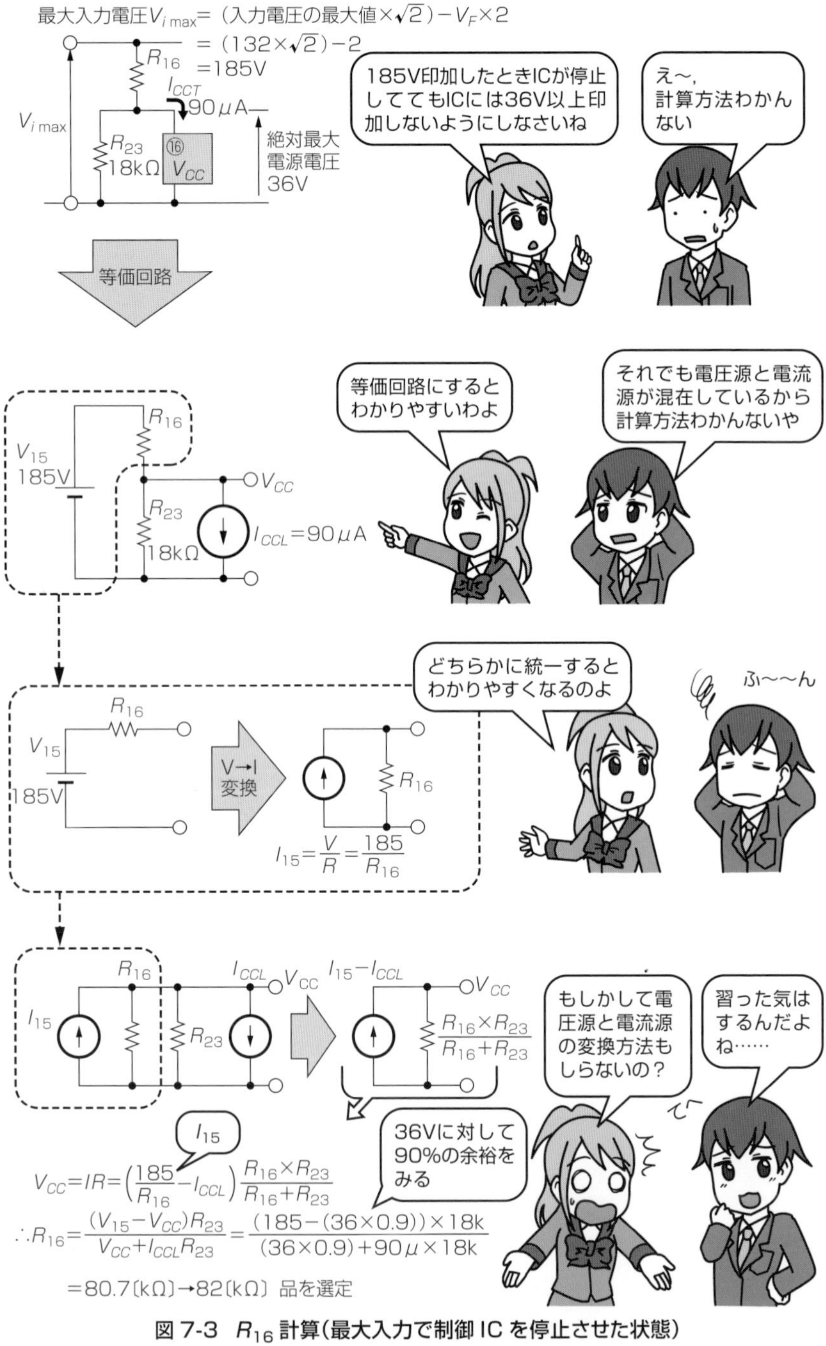

第7章 制御系の設計

最大入力電圧 $V_{i\,max}$ =（入力電圧の最大値×$\sqrt{2}$）－V_F×2

R_{16} =（132×$\sqrt{2}$）－2 =185V

I_{CCT} 90μA

$V_{i\,max}$, R_{23} 18kΩ, ⑯ V_{CC}

絶対最大電源電圧 36V

185V印加したときICが停止しててもICには36V以上印加しないようにしなさいね

え〜,計算方法わかんない

↓ 等価回路

V_{15} 185V, R_{16}, R_{23} 18kΩ, V_{CC}, I_{CCL}=90μA

等価回路にするとわかりやすいわよ

それでも電圧源と電流源が混在しているから計算方法わかんないや

どちらかに統一するとわかりやすくなるのよ

ふ〜〜ん

V_{15} 185V, R_{16} → V→I変換 → $I_{15}=\dfrac{V}{R}=\dfrac{185}{R_{16}}$, R_{16}

R_{16}, I_{15}, R_{23}, I_{CCL}, V_{CC} → $I_{15}-I_{CCL}$, V_{CC}, $\dfrac{R_{16}\times R_{23}}{R_{16}+R_{23}}$

もしかして電圧源と電流源の変換方法もしらないの？

習った気はするんだよね……

36Vに対して90%の余裕をみる

$V_{CC}=IR=\left(\dfrac{185}{R_{16}}-I_{CCL}\right)\dfrac{R_{16}\times R_{23}}{R_{16}+R_{23}}$

$\therefore R_{16}=\dfrac{(V_{15}-V_{CC})R_{23}}{V_{CC}+I_{CCL}R_{23}}=\dfrac{(185-(36\times0.9))\times18k}{(36\times0.9)+90\mu\times18k}$

＝80.7〔kΩ〕→82〔kΩ〕品を選定

図7-3 R_{16} 計算（最大入力で制御ICを停止させた状態）

起動回路

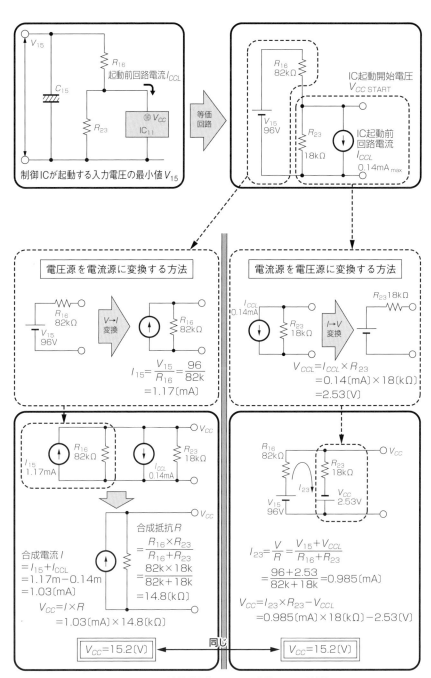

図 7-4 R_{16} 計算（起動電圧の最小値からの計算）

第7章 制御系の設計

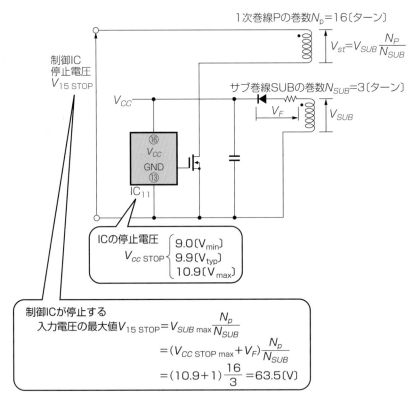

図 7-5 制御 IC 停止電圧

　対策として R_{23} に $900\mu A$ を流して I_{CCL} に加えることで，起動前電流のバラツキを $950 \sim 1040 \mu A$ と小さくすることができます．さらに R_{23} に電流を流して起動前電流のバラツキを小さくしたいところですが，起動前電流を増加させると R_{16} の損失が増大してしまうのでトレードオフで選定します．

7-1-2　抵抗 R_{16}

　制御 IC をリモコンで停止させた状態で，電源に最大入力電圧を印加しても制御 IC の耐圧（V_{CC} の絶対最大定格は 36V）を超えないように抵抗値 R_{16} を選定します．

　図 7-3 に計算方法を示します．計算する回路に電圧源と電流源が混在しているので，電流源に統一すると計算が簡単です．

　次に，制御 IC が起動する「平滑後の入力電圧 V_{15}」を計算します．

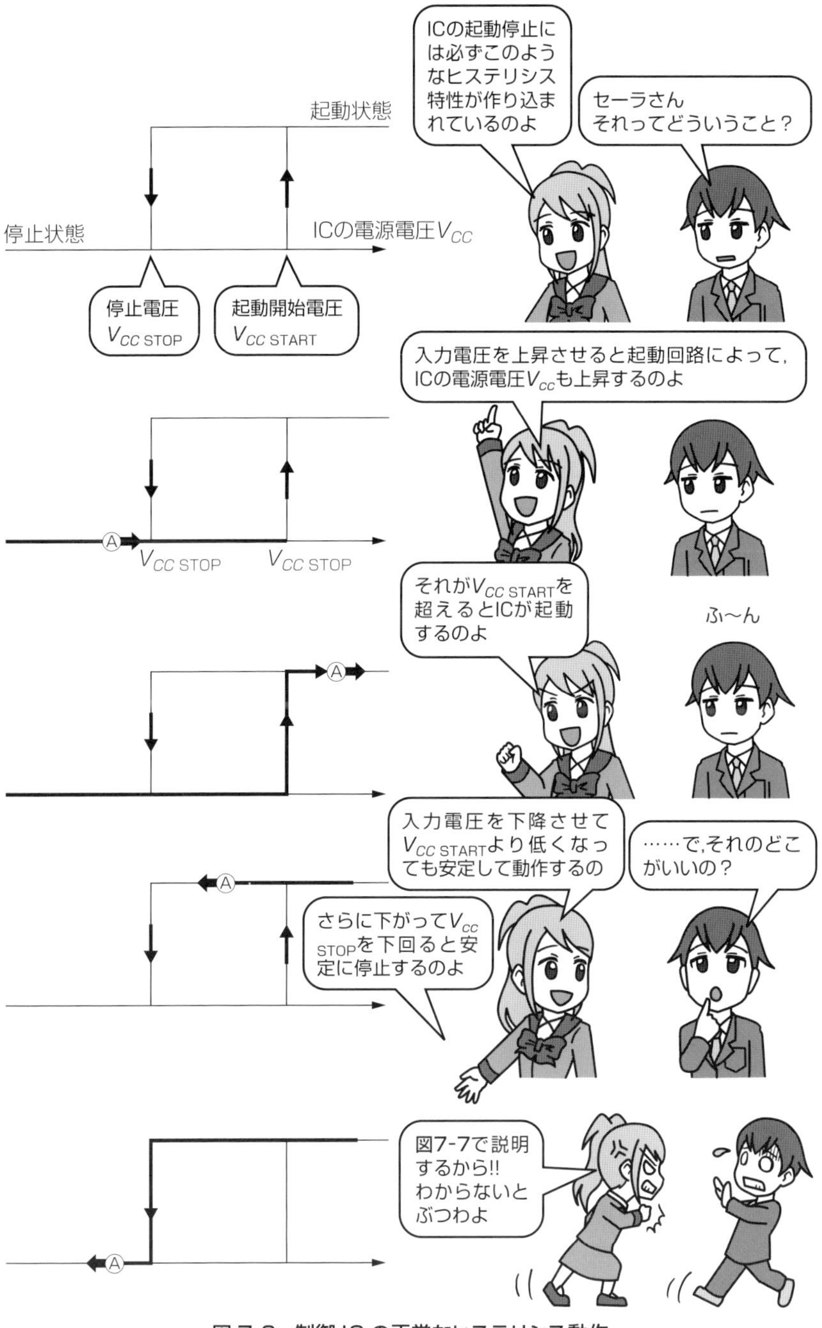

起動回路

図 7-6　制御 IC の正常なヒステリシス動作

第7章 制御系の設計

　図7-4では起動電圧の最小値を96Vと決めてから計算を進めました．結果として制御ICへの起動電圧の最小値 $V_{CC\,START}$ の最小値15.2Vが得られたので，96Vを印加することで制御ICが起動するヒステリシスの最小値になります．$V_{CC\,START}$ の最大値17.2Vで計算した場合が起動するヒステリシスの最大値なので，確実に起動する入力電圧は17.2Vで計算してください（ここでは電流源に統一する方法と電圧源に統一する方法の両方で計算しています．同じ結果になるので，自分のわかりやすい方法で計算してください）．

　制御ICが停止する電圧は，図7-5のように計算します．63.5V以下で停止する場合があることがわかります．

　起動電圧の最小値が96Vで停止電圧の最大値が63.5Vと離れているのは，図7-6に示すヒステリシス特性を確実に得るためです．

　起動電圧の最小値96Vで制御ICが起動しても，サブ電源から制御ICの電源電圧 V_{CC} の停止電圧（$9.0V_{min}$）を供給する必要があるので，サブ巻線は，

サブ巻線の巻数 N_{SUB}〔ターン〕

$$> 1次巻線の巻数 N_p〔ターン〕 \times \frac{サブ電圧〔V〕+ダイオード D_{11} と抵抗 R_{20} の電圧降下〔V〕}{起動電圧〔V〕}$$

$$= 16〔ターン〕 \times \frac{9〔V〕+ 3〔V〕}{96〔V〕} = 2〔ターン〕$$

が必要です．LCA75Sでは余裕をみて，サブ巻線の巻数 N_{SUB} を3〔ターン〕としました．

　では，なぜそこまでヒステリシス特性にこだわるのでしょうか？　それは図7-7のようにヒステリシス特性を逆にした場合で考えたほうがわかると思います．

　起動電圧と停止電圧の間の電圧Ⓐが入力電圧として印加された場合，起動はしますが，起動後は制御ICの動作電流が増加して R_{16} からの給電では不足するので V_{CC} が低下します．サブ電源からの電圧は，入力電圧が電圧Ⓐでは制御ICの停止電圧以下なので制御ICが停止してしまいます．停止後は制御ICの動作電流が減少するので，R_{16} からの起動電流によって制御ICは再び起動します．

　これを繰り返すので，出力電圧は起動したり停止したりを繰り返してしまいます．このように電圧が0になったり定格値になったりを短い時間で繰り返されると，装置が壊れたり動作不良を発生させたりするので，そうならないように「起動電圧＞停止電圧」というヒステリシス特性を設定する必要があるのです．

起動回路

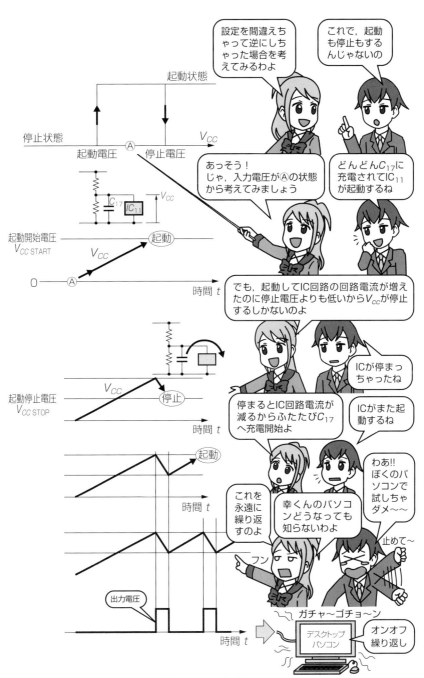

図 7-7 制御 IC のヒステリシス設定を間違えた場合

7-2 発振回路

図7-8に示す部品と定数で，電源のオン時間とオフ時間を設定します．ルネサス（ルネサス エレクトロニクス（株），Renesas Electronics Corporation）のホームページからM51995APのカタログをダウンロードして定数を設定してください．

CF端子(10番ピン)のコンデンサーを大きくすると発振周波数が低くなります．
T-ON端子(9番ピン)の抵抗を大きくするとオン時間が長くなります．
T-OFF端子(11番ピン)の抵抗を大きくするとオフ時間が長くなります．
LCA75Sでは周波数＝200kHz(周期＝5μs)，最大$Duty$＝0.55に設定しています．

推奨動作条件は，動作周波数は500kHz以下なので200kHzで動作させても問題ないことがわかります．また，T-ON端子抵抗R_{ON}は10k～75kΩ，T-OFF端子抵抗R_{OFF}は2k～30kΩに収まるようにC_F端子のコンデンサー容量C_Fを決定します(LCA75Sは$R_{ON}=R_{14}=11$kΩ，$R_{OFF}=R_{15}=6.8$kΩ，$C_F=C_{14}=470$pFに設定しました)．

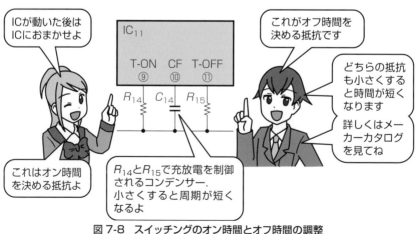

図7-8 スイッチングのオン時間とオフ時間の調整

ドライブ回路

7-3 ドライブ回路

　M51995APのV_{OUT}端子(2番ピン)は出力電流=±2Aなので，小型のMOS-FETならば図7-9に示すように直接駆動できます．

　サブ電源とコレクター端子(1番ピン)の間に$R_{13}=150\Omega$を接続しています．このR_{13}を小さくすると，MOS-FETがオンするときのスイッチング損失は減少しますが，オンするときの出力ノイズが増加します．R_{13}を大きくすると，MOS-FETがオンするときのスイッチング損失は増加しますが，オンするときの出力ノイズが低減します．電源装置ごとにどちらを重視するのかは異なるので，R_{13}を変化させて損失とノイズとのトレードオフを探して設定してください．

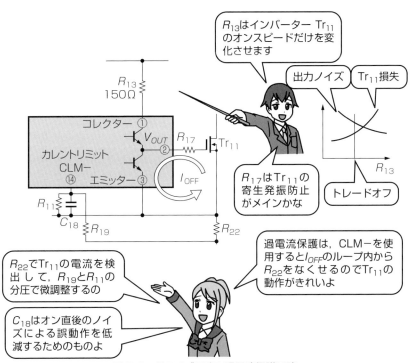

図7-9　ドライブ回路と過電流保護回路

117

第7章 制御系の設計

7-4 過電流保護回路

　M51995APの最大の長所は，図7-9に示すように過電流検出端子がマイナス検知であるということです．もしもプラス検知ならば，MOS-FETのソースとGND間に検出抵抗R_{22}が入ることになり，オン直後のドレイン電流が検出抵抗R_{22}に流れて誤動作したり，MOS-FETをオフ動作させるループの中に抵抗R_{22}やそれに伴うインダクタンスが入ることで，スイッチングスピードが低下して損失が増加してしまいます．

　M51995APの過電流保護端子CLM－（14番ピン）の検出電圧値は－0.2Vなので，過電流動作させたいドレイン電流が過電流検知抵抗R_{22}に流れることで発生する電圧を－0.2Vより大きな電圧が発生するようにR_{22}を設定します．それをR_{19}とR_{11}の分圧回路で微調整します．

　C_{18}は，ノイズがCLM－端子に混入して過電流保護回路を誤動作させないように，ノイズ除去を目的として接続しています．インバーター電流波形が歪まない範囲内で大きなコンデンサーを挿入することをお勧めします．

　LCA75S-12の過電流保護仕様値は定格電流の$105\%_{min}$と設定しているので，部品がばらついてもこれを絶対に守るために中心値は$125\%_{typ}$に設定しています．

　過電流保護回路の設定値がばらつく主な要因は，制御ICのCLM－端子しきい値電圧で－180～－220mVと±10%で，さらに出力コイルのL値や検出抵抗のバラツキなどを考慮すると±15%となり，これに対して余裕を見る必要があるからです．

　マイナス方向にばらつけば定格の110%（125%－15%）となりますが，プラス方向にばらついた場合は定格の140%（125%＋15%）も流れることになるので，この状態でもインバーター素子や出力トランスや出力整流器に熱破壊の兆候がなく，出力コイルが飽和しないことを確認する必要があります．具体的にこれを行う試験を 9-2 高温過負荷出力試験 で詳しく説明します．

デューティー可変

7-5 デューティー可変

　LCA75S はデューティー(Duty)に比例した出力電圧 V_o になる回路を使用しています．このデューティーを可変するのが，M51995AP の F/B 端子(8 番ピン)です．

　図 7-10 のように F/B 端子から引き出す電流 $I_{F/B}$ でデューティーを可変します．

　F/B 端子からの電流 $I_{F/B} = 0$ の場合は 7-2 項で設定した最大デューティーで動作します．約 0.5mA を超えると最大デューティーから低下し，約 1.5mA で $Duty=0$ になります．つまり，F/B 電流 $I_{F/B}$ が約 1mA 変化すると，デューティーが最大から 0 に変化します．

　デューティーを完全に 0 にするには，M51995AP のカタログ値を見て，F/B 端子入力電流の「0%デューティー時電流 $I_{F/B\ \text{MIND}} = -2.1 \sim -1.0\text{mA}$」から -2.1 mA 以下になるように設定しなくてはいけません．いい換えると，F/B 端子出力電流 $I_{F/B}$ を 2.1mA 以上引き出さなければ 0%デューティーになることが保証されていないので，2.1mA 引き抜けない場合は，無負荷時 0%デューティーにしなくてはいけない状態で 0%にできないことになり，出力電圧が設定値よりも上昇して危険な状態になります．

図 7-10　デューティー可変方法

第7章 制御系の設計

7-6 過電圧保護回路

　1次側の過電圧保護回路は**図7-11**に示す回路で構成され，出力電圧がなんらかの不具合で上昇してしまった場合，2次側の検出回路がフォトカプラーを光らせてフォトカプラーのトランジスターに電流を流すことで，OVP端子（6番ピン）の電圧を上げて制御ICを停止させます。

　停止後は，電源をオフにして制御ICが停止電圧以下になるまで再起動しません。

　万が一にも誤動作してしまうと装置に与える影響が大きいので，誤動作防止のために過電圧保護動作に支障をきたさない範囲で，できるだけ大きなC_{12}を接続します。LCA75S-12は，$C_{12}=0.22\mu F$を接続しています。

　C_{12}は正常動作しているときにパルス状のノイズが混入しても誤動作させないようにするために入れていますが，フォトカプラーから直流的な電流が流れ込んできた場合はコンデンサーでは防止できません。M51995APのカタログ値「OVP端子入力電流$I_{IN\,OVP}$」の最小値$80\mu A$を超える電流が流れてこないように，フォトカプラーの性能も含めて回路全体を再確認する必要があります。

図7-11　過電圧保護回路（OVP）

 短絡電流低減回路

　図 7-12 に示すように，過電流保護回路が動作中に VF 端子(4 番ピン)電圧が低下すると発振周波数を低下させます．

　過電流保護動作して出力電圧 V_o が低下するとデューティーが小さくなります．デューティーが小さくなると R_{18} と C_{19} で平均値化した電圧が小さくなり，3.9V 以下になると発振周波数を低下させる動作をします．

　もし，この VF 端子がなければ出力短絡電流が大きくなり，出力整流ダイオードや出力コイルなどが発熱して危険な状態になります．

　また，LCA75S では使用していませんが，CT 端子(12 番ピン)と GND 間にコンデンサーを接続すると，VF 端子が周波数を低下させる動作の後，VF 端子電圧が 3.0V 以下になると間欠動作(オフ期間がオン期間の約 10 倍)を開始するので，短絡時の平均電流を低下させることができます．

　間欠動作をさせてでも短絡時の損失を低減させるのか，短絡時の損失は許容できるが間欠動作をしては困る機器なのかを把握した上で使用するとよいでしょう．

　さらに出力の大きな電源(数 kW 出力以上)の場合，過電流保護回路が間欠動作させただけではユーザー側にかかるストレスが大きくて問題になることがあります．その対策として，出力電圧が設定値よりも低下したのを検知(低出力電圧検知)してから一定時間後に電源を停止させる方法(ラッチ停止)があります．具体的には，出力側に出力電圧を検知する回路を設置して，設定値よりも出力電圧が低下するとタイマーを動作させて 7-6　過電圧保護回路のフォトカプラーに電流を流して過電圧保護回路動作をさせます．

　また，他の短絡保護の方式として「フの字垂下特性」を作り込む場合もあります．通常のスイッチング電源の過電流保護回路は，定電流動作させることで出力電圧が低下しても一定の電流を流そうとする方式(逆 L 垂下特性)ですが，この「フの字垂下特性」は，出力電圧が低下するにつれて過電流設定値が小さくなる方式で，グラフにすると「フ」の字に似ていることからこの名前が付いています．しかしフの字垂下特性では起動しない負荷が多く存在するので使用する場合は確認が必要です．

第7章 制御系の設計

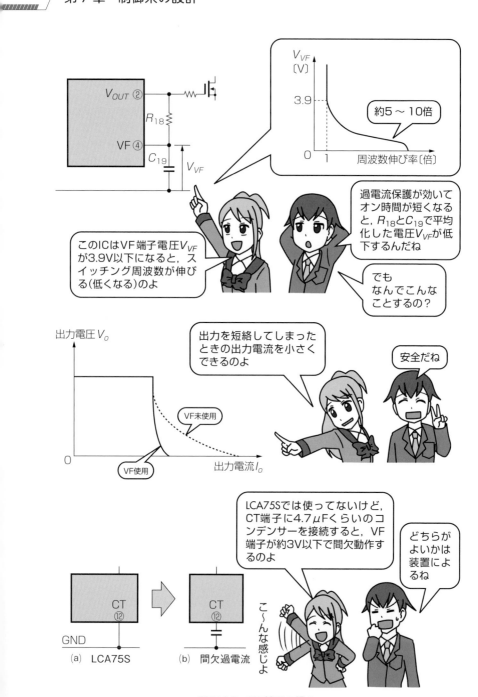

図7-12 VF端子の働き

7-8 2次側制御回路(出力電圧検知)

図7-13に2次側制御回路の等価回路を示します.

シャントレギュレーターIC(ルネサス製: μPC1093TA または HA17431GLP)の内部に基準電圧 $V_{REF} = 2.495V$ があるので,出力電圧を分圧してICのR端子(Reference)に接続するだけで出力電圧を一定に制御できるのです.

具体的な計算方法を図7-14に示します.

12V出力であれば R_{57} の損失 P_{57} は,

$$P_{57} = \frac{V^2}{R_{57}} = \frac{(12-2.5)^2}{7.5k} = 0.012〔W〕$$

と気にしなくてもよい電力であることが多いのですが,48V出力になると無視できないほど大きな電力になることがあります.電圧バリエーションを揃えられる場合には,事前に最高出力電圧での計算をすることをお勧めします.

出力電圧を可変したい場合には,半固定抵抗を使用して可変できるようにします.ただし,可変範囲は±10%に抑えることが一般的です.

可変範囲が大きいと以下の問題点が生じます.

(1) 半固定抵抗を少し回しただけで出力電圧が大きく変化してしまうことで微調

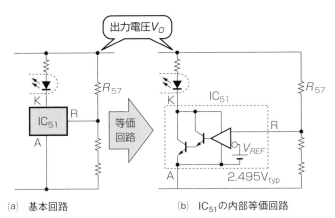

(a) 基本回路   (b) IC_{51} の内部等価回路

図7-13 2次側制御回路用IC

第7章 制御系の設計

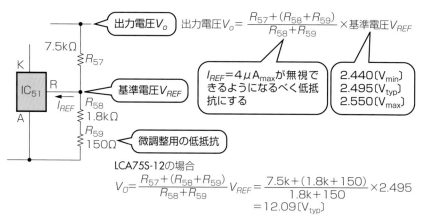

図7-14 出力電圧計算

整しにくくなります.

(2) プラス側に大きく可変できてしまうと過電圧保護回路の設定値に達してしまい, 過電圧保護回路が動作して電源が停止してしまいます.

(3) マイナス側に大きく可変できてしまうと, 逆L垂下特性の過電流保護回路の場合は過電流設定値が大きくなりますし, フの字特性の場合は過電流設定値が小さくなって定格出力電流さえ出力できないことになります. 間欠動作する過電流保護回路の場合は, 過電流検知と同時に間欠過電流を開始してしまいます. 低出力電圧検知で停止させる回路が付いていると電源が停止してしまいます.

また, 可変させる半固定抵抗はシャントレギュレーターICのリファレンス端子よりもグラウンド側に接続することをお勧めします. リファレンス端子よりも出力電圧側に接続すると, 半固定抵抗を回転させたときに接触不良が発生すると出力電圧が上昇する方向だからです. グラウンド側に接続しておけば, 出力電圧が低下する方向なので上昇するよりも安全です.

7-9 2次側制御回路（フォトカプラー点灯）

7-9-1　R_{53}の決め方

　図7-15に示すように，IC_{51}の出力電圧変化をフォトカプラーPC_{12}（ルネサス製:PS2701A）のダイオード側に流れる電流に変換する抵抗です．抵抗値が小さいほど大きな電流変化になるので電源の制御系全体のゲインが上昇し，静的入力変動や静的負荷変動が小さくなりますが，電源が異常発振しやすくなります．一巡伝達関数で直流ゲインを調整できる抵抗はR_{53}だけなので変動と発振のトレードオフで慎重に選定してください．

　また，IC_{11}のF/B端子に$Duty=0$となる電流を流せることが絶対条件なので，フォトカプラーの変換効率のバラツキの下限値で計算し，さらにフォトカプラーの変換効率が経年変化して低下しても大丈夫なように2倍以上余裕をみることを勧めます．

　具体的に計算してみましょう．

　IC_{51}のオン電圧を約2V，フォトダイオードのオン電圧を約1.2Vとすると，抵

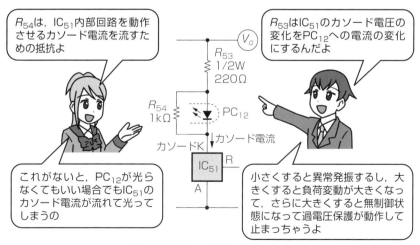

図7-15　カソード側の抵抗の意味

第7章 制御系の設計

抗 R_{53} に印加する電圧 V_{53} は，

V_{53} = 出力電圧 V_o － IC_{51} のオン電圧 － フォトダイオードのオン電圧
   $= 12 - 2 - 1.2 = 8.8 \, [\text{V}]$

となります．

IC_{11} が $Duty = 0$ となる F/B 端子電流の最大値は 2.1mA（カタログ値）です．

フォトカプラーの変換効率の最小値は 100% なので，フォトダイオードに必要な電流 I_F は 2.1mA です．これにフォトカプラー変換効率が経年変化で 50% に低下しても大丈夫なように $I_F = 2.1 \times 2 = 4.2\text{mA}$ 以上流す必要があります．この I_F が流せる抵抗 R_{53} は，

$$\frac{V_{53}}{I_F} = \frac{8.8 \, [\text{V}]}{4.2 \, [\text{mA}]} = 2.1 \, [\text{k}\Omega]$$

となります．

現実的には，このようなぎりぎりの値にすると，入力変動や負荷変動が大きくなりすぎて実用的ではありません．LCA75S-12 は変動を小さくするために 220Ω を使用しているので計算値の 10 倍の余裕があることがわかります．

このように事前に最大抵抗値を計算しておくことで，うっかりこの値に近づけてしまうという不安から解放されます．

7-9-2　R_{54} の決め方

図 7-15 に示すように，フォトダイオード PC_{12} に並列接続する抵抗です．これはなくても定格入出力範囲内では普通に動作しますが，不要だと思って外してしまうと，意外な状況で出力電圧が低下してしまうことがあります．

この R_{54} は IC_{51} の内部回路を動作させるために必要な電流をフォトダイオードに電流を流すことなく供給する抵抗です．

IC の内部回路を動作させる電流は，カタログには「最小カソード電流 $I_{K \min}$」で記載されています．一般的な最大値は 1mA なので，フォトダイオードのオン電圧 $V_F = 1.2\text{V}$ とすると必要な抵抗値 R_{54} は，

$$R_{54} = \frac{R_{54} \text{ に印加する電圧}}{R_{54} \text{ に流さなくてはいけない電流}}$$

$$= \frac{\text{フォトダイオードのオン電圧 } V_F}{\text{最小カソード電流 } I_{K \min}} = \frac{1.2 \, [\text{V}]}{1 \, [\text{mA}]}$$

$$= 1.2 \, [\text{k}\Omega]$$

となります．ここでは汎用性を考慮して 1kΩ を採用しました．

7-10 負帰還のCR

図 7-16 のように，C_{56} と R_{55} で IC_{51} の反転入力の負帰還部を形成しています．負帰還部を形成している入力抵抗 R_i は R_{57}〜R_{59} の合成抵抗値です．

$$入力抵抗\ R_i = \frac{R_{57} \times (R_{58} + R_{59})}{R_{57} + (R_{58} + R_{59})} = \frac{7.5k \times (1.8k + 150)}{7.5k + (1.8k + 150)}$$
$$= 1.55\,[k\Omega]$$

IC_{51} の R 端子は高抵抗なので外部からの静電結合で誤動作しやすいため，R 端子の近傍に R_{55}，R_{57}，R_{58} を接続するようにします．

R 端子に C_{56} を接続してから R_{55} を接続すると，C_{56} 本体へのノイズ混入により R 端子が誤動作して出力電圧が低下しやすく，高速で電位が変動している部品が周囲にないかなどの注意が必要になるので，R 端子には R_{55} を接続するようにします．

C_{56} と R_{55} の定数は，出力部のフィルターの特性などで大きく変化するので，一巡伝達関数と，動的負荷変動，立ち上がり特性を考慮して決定します．この場合は手計算よりもシミュレーターを活用することをお勧めします．

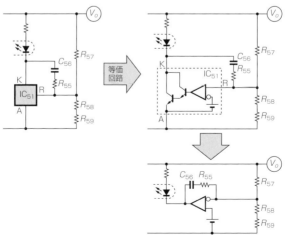

図 7-16　負帰還用 CR の構成

第 7 章 制御系の設計

7-11 フォトカプラーの注意点

　図 7-17 にフォトカプラーを示します．

　フォトカプラーは，電源の安全規格を調査して，その安全規格を取得している部品の中から選定しなくてはなりません．プリント基板のパターンを貼るときも安全規格を調べて 1 次 – 2 次間の沿面距離を確保します．

　変換効率は，通常 50〜600％ と大きくばらついていることが多いので，異常発振を防止して，動的負荷変動もよいというトレードオフを得ることは困難です．メーカーから選別品という形で変換効率のバラツキを小さくして納入してもらうことをお勧めします．

　一巡伝達関数でフォトカプラーの位相が遅れて位相余裕がなくなり異常発振する場合が多いので，できるだけ高い周波数まで位相がフラットなフォトカプラーを探して使用しましょう．

　また，長年使用していると変換効率が低下することがあるので，変換効率が多少低下しても良いように余裕をみてダイオード側の電流を設定しておく必要があります．

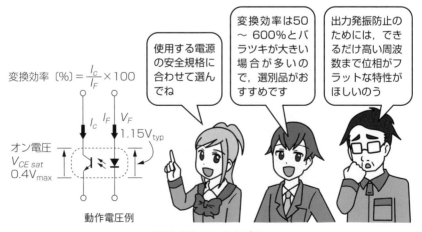

図 7-17　フォトカプラー

7-12 過電圧保護の2次側検出回路

図 7-18 にツェナーダイオードの選定のための計算方法を示します．

R_{56} は，過電圧動作して過電圧保護回路が動作して電源停止するまでの間，フォトダイオードに流れる電流を制限してフォトダイオードを守る抵抗です．IC_{51} の R 端子と GND を短絡させたり，R_{53} や R_{57} を開放したりして実際に過電圧保護動作させて実測確認しましょう．大きな値にすると，R_{56} に発生する電圧が大きくなり，過電圧設定値が大きくなったりバラツキが大きくなってしまうことがあるので，抵抗値をわざと大きくする実験を行って設定値が変化しないか確認しておくとよいでしょう．

使用するフォトカプラーは制御用のフォトカプラーと並べて配置することが多いので，できるだけ同じ種類のものを使用して誤挿入を防止します．また，同じフォトカプラーを使用することで，部材の入手や保管・出荷検査が楽になります．

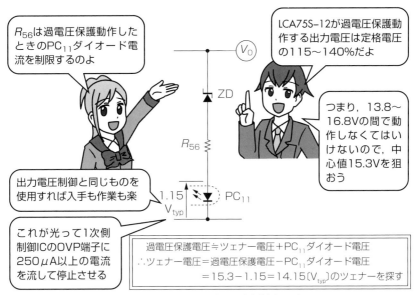

図 7-18　過電圧保護の2次側検出回路

7-13 一巡伝達関数

　電源装置を動作させた状態での一巡伝達関数は FFT アナライザーなどで図 7-19 のように実測できます．

　「ゲインが 0dB の周波数での位相余裕」が 30deg 以下になると，負荷を急変させる過渡応答で出力電圧 V_o に振動（リンギング）が発生して，見た目にも不安定になるので 30deg 以上とるように努めてください．ただし，手計算は目安にしかならないので，正確に計算したい場合は 7-10 項で勧めたように回路シミュレーターを活用します．

　また，伝達関数に関しては専門の制御理論を必ず数冊読むようにしましょう．

　LCA75S のようなアナログ回路を使用した制御は PID 制御を駆使しています．PID 制御とは，比例制御（Proportional Control），積分制御（Integral Control），微分制御（Derivative Control）を用いて出力電圧を基準電圧と比較しながら制御する方式のことです．

　また，デジタル制御はアナログ制御よりも安定で高速な制御として期待されているので，現代制御理論も勉強してください．

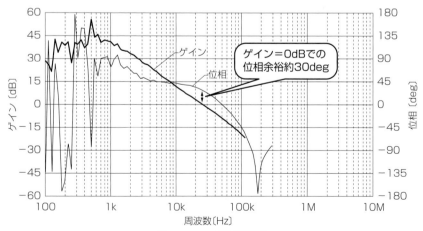

図 7-19　一巡伝達関数

第8章 ノイズ対策設計

雑音端子電圧と雑音電界強度は，規格として決まっているので何としても適合させなくてはいけません．しかし，1MHz以上になるとコイルは分布容量でコンデンサーに転じ，コンデンサーはリードインダクタンスによってコイルに転じてしまったりして，本来の特性と異なる性質が支配的になるという問題が発生して，計算を困難なものにしています．本章では，1MHz以下の雑音端子電圧と，簡略化した雑音電界強度の計算を行います．

第 8 章 ノイズ対策設計

8-1 ディケード(decade)とは

　フィルターを計算するのに便利なディケード(decade，単位は dec)を図 8-1 と図 8-2 を使って説明します．ディケードとは 10 の累乗(べき乗)の差です．つまり，1dec ならば，$10^1 = 10$ 倍の差があるということで，2dec ならば $10^2 =$

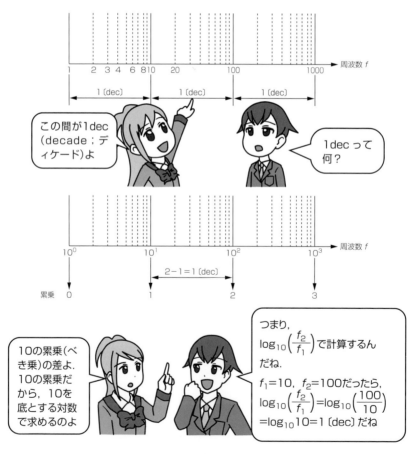

図 8-1　ディケード(decade)の計算方法

ディケード(decade)とは

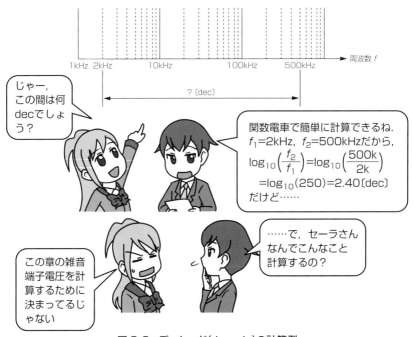

図8-2 ディケード(decade)の計算例

100倍の差があるということです.

つまり，1dec増えるごとに周波数が10倍になり，1dec減るごとに周波数が1/10倍になるのです.

このディケードを用いることでフィルターの計算が楽になるので，ぜひ覚えてください.

同様に周波数を対数表示する方法としてオクターブ(octave, oct)という単位があります．これは1オクターブ増えるごとに周波数が2倍になるのです．音楽で「ド」から次の高い音の「ド」までの間を1octといいます．このように音楽を扱う場合に便利なので音響関連で使用されることが多い単位です．次項8-2で説明している−20dB/decは，オクターブで表すと−6dB/octとなります(厳密には$20\log_{10}(2) ≒ −6.0206$なので−6.0206dB/octとなりますが，略して−6dB/octと記載するのが一般的)．同様に−40dB/decは−12dB/octとなります．

第8章 ノイズ対策設計

8-2 減衰量計算

減衰量とは，図 8-3 のように入力電圧 V_i が出力電圧 V_o になるときにどのくらい減衰するのかを表す値です．

抵抗やコンデンサーの場合は，図 8-4 のように単純に分圧比として計算できます．しかし，ハイカットフィルターになると，単純な分圧比で計算できません．

コイルと抵抗や，コンデンサーと抵抗によるハイカットフィルターは図 8-5 のようにカットオフ周波数 f_p から $-20\mathrm{dB/dec}$ で減衰していきます．

図 8-3 減衰量とは

図 8-4 減衰量計算（コンデンサーや抵抗だけの場合）

減衰量計算

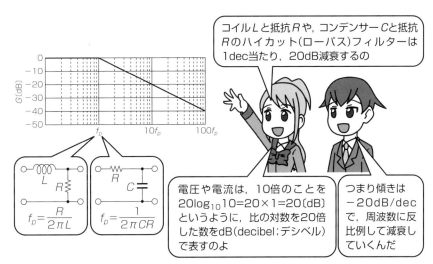

図 8-5　LとR，CとRによるハイカットフィルター

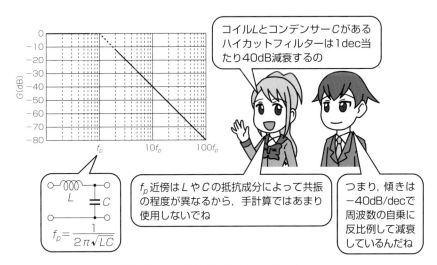

図 8-6　LとCによるハイカットフィルター

コイルとコンデンサーによるハイカットフィルターは図 8-6 のようにカットオフ周波数 f_p から -40dB/dec で減衰していきます．ただし，カットオフ周波数近傍は Q(Quality factor) によって大きく異なるので注意が必要です（一般的なフィルター部には抵抗成分がほとんどないので f_p 近傍は盛り上がります）．

第8章 ノイズ対策設計

8-3 雑音端子電圧の測定方法と等価回路

　測定方法を**図 8-7** に示します．
　電源装置とコンセントの間に擬似電源回路網(LISN；Line Impedance Stabilization Network；電源インピーダンス安定化回路網)を挿入することで，コンセント側の電源インピーダンスが異なっても同じ条件で測定できます．この擬似電源回路網からの出力を電圧値 dB・μV として測定します．これは 1μV を 0dB として対数表示したものです．
　この擬似電源回路網から測定器への A 側の出力と B 側の出力を切り換えて測定し，いずれか大きい方の値で規格レベルを超えてはいけません．
　スイッチング電源からの雑音端子電圧は，ノーマルモードとコモンモードに分けて考えるほうが等価回路はシンプルになります．
　ノーマルモードとは入力線間に発生するノイズで，コモンモードとは入力線とFG 間（大地）に発生するノイズです．
　なお，**図 8-7** や以降に登場する等価回路は簡略化されていて，厳密にはもっといろいろな要素が絡みあって雑音端子電圧として出力されてきます．しかし，いろいろな要素を入れすぎると手計算できなくなり感覚的にもわかりづらくなるので，設計の初めはどの要素が大きいのかをつかむためにも，あえて簡略化して考えるようにしてください．
　手計算することで，ノーマルモードとコモンモードのどちらに余裕がないのかを実感でき，どちらに対策を打てばよいのかも自ずと明らかになってきます．
　表計算ソフトなどでフォーマットを作成しておけば，カットアンドトライも楽にできるため，設計の初期段階で「今回の電源は，どのモードのノイズに余裕がないか．そのモードを低減する方法として事前に何を検討する必要があるのか」を知ることができて便利です．

雑音端子電圧の測定方法と等価回路

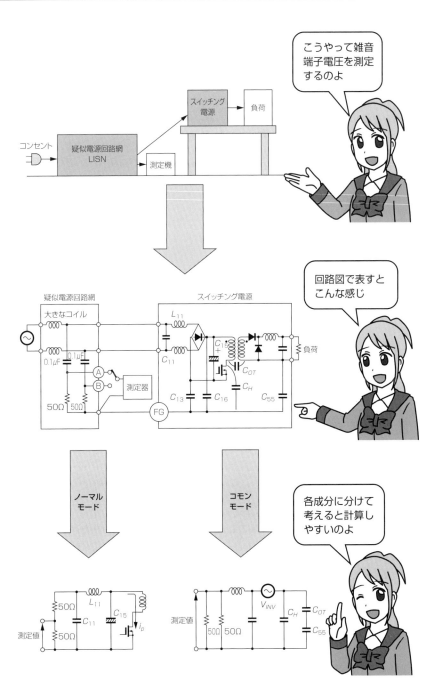

図 8-7 雑音端子電圧の測定方法から見た等価回路

第8章 ノイズ対策設計

8-4 雑音端子電圧の規格

　雑音端子電圧の目標とする規格を図 8-8 に示します．一般的な用途の電源ならばもっとも厳しいクラス B を目指しましょう．
　今回計算する 1MHz 以下を拡大したものが図 8-9 です．
　150kHz から 500kHz の許容値はちょっと変則的なので，グラフから直接読み取るのが確実ですが，パソコンなどで計算するときには図 8-9 の傾き計算した値を入力しておけば便利です．

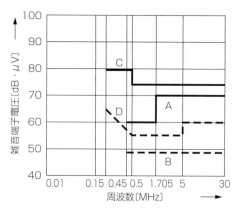

A—FCC Part15-B　クラスA
B—FCC Part15-B　クラスB
C—CISPR Pub. 22 クラスA
　　VCCI クラスA
　　EN55022 クラスA
D—CISPR Pub. 22 クラス B
　　VCCI クラスB
　　EN55022 クラスB

図 8-8　クラス B に入れよう

雑音端子電圧の規格

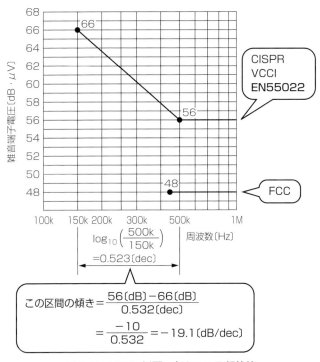

図 8-9　1MHz 以下の各クラス B 規格値

　FCC 規格以外の規格の許容値は準尖頭値(QP：Quasi-Peak)での値で，平均値(AV：Average)は準尖頭値よりも 10dB 低い値にしなくてはいけません．ただし，図 8-8 は LCA75S を設計していたころの規格で，現在は FCC 規格も他の規格と同じになっています．今回計算して規格の許容値ギリギリになるのは基本波成分である 200kHz で，200kHz を規制している VCCI，CISPR 22，EN 55022 は同じなので，LCA75S 設計当時の規格のまま計算しました．このように規格は時代とともに変わるものですから，新規に設計するときにはこの許容値を参考にするのではなくて，常に最新の許容値を入手するようにしてください．

第8章 ノイズ対策設計

8-5 雑音端子電圧（ノーマルモード）の計算

雑音端子電圧（ノーマルモード）の等価回路を**図 8-10**に示します．

発生源と減衰させる部分と検出する部分に分けて考えます．

発生源は，**図 8-11**に示すように1次巻線に流れる電流が入力電解コンデンサーの抵抗成分に流れて発生する電圧です．これをフーリエ級数展開して計算しますが，各高調波成分はデューティーで大きく異なるので，入力電圧でデューティーが変化するようなLCA75Sでは大きめに各高調波成分の包絡線上の値を使用します（実際は包絡線よりも必ず小さい）．

減衰量は**図 8-12**で計算します．カットオフ周波数f_pを計算して，それから何dec離れているのかを求めて-40を掛けることで減衰量を計算します．

検出部は**図 8-13**のように50Ωの抵抗で分圧する形になるので，ノーマル方向のノイズは-6dB減衰して測定されます．

これらを合成して，ノーマルモード成分の雑音端子電圧を求めます．

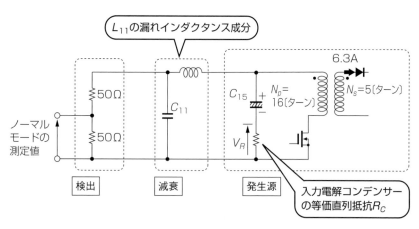

図8-10　雑音端子電圧（ノーマルモード）の等価回路

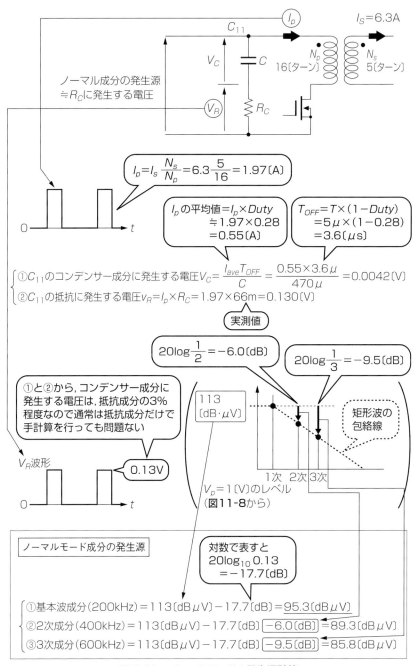

図8-11 ノーマルモードの発生源計算

第8章 ノイズ対策設計

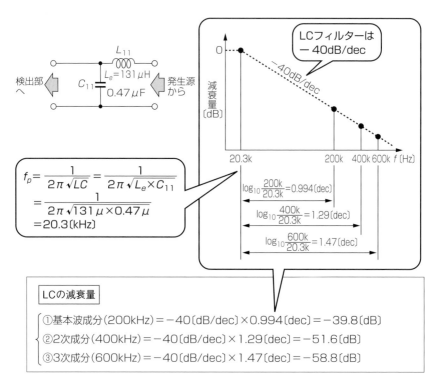

図 8-12 LC の減衰量計算

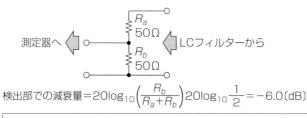

検出部での減衰量 $= 20\log_{10}\left(\dfrac{R_b}{R_a+R_b}\right) 20\log_{10}\dfrac{1}{2} = -6.0 \,[\text{dB}]$

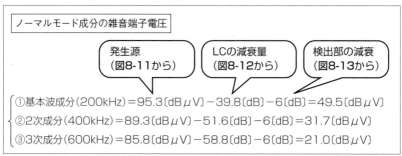

図 8-13 検出部での減衰量計算

雑音端子電圧(コモンモード)の計算

8-6 雑音端子電圧(コモンモード)の計算

雑音端子電圧(コモンモード)の等価回路を図8-14に示します．
発生源が分圧される部分と減衰させて検出する部分に分けて考えます．

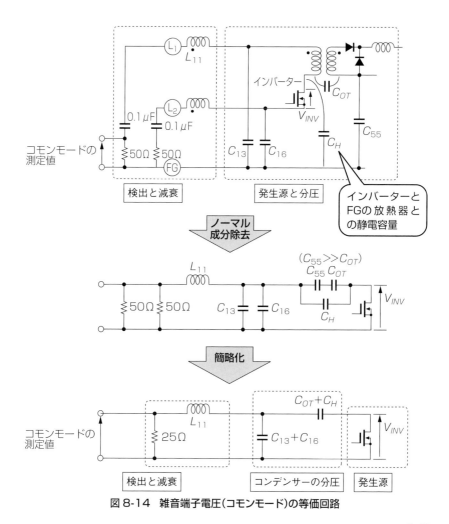

図8-14 雑音端子電圧(コモンモード)の等価回路

第8章 ノイズ対策設計

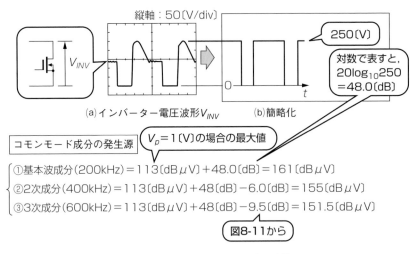

図8-15 コモンモードの発生源計算

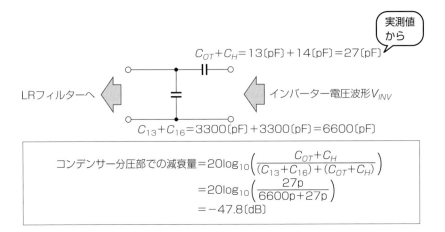

図8-16 コンデンサーの分圧による減衰

　発生源は，インバーターの電圧波形 V_{INV} です．これがインバーターと FG 間の静電容量と接地コンデンサーで分圧された電圧がコモン方向に発生するのです．

　インバーターと FG 間の静電容量には，インバーターと FG である放熱器の静電容量 C_H と，出力トランスの C_{OT} があります（C_{55} は C_{OT} に対して 1000 倍ほど大きく，直列接続するとほとんど C_{OT} の値になるので無視します）．

　発生源はインバーター電圧 V_{INV} なので，図8-15 のようにフーリエ級数展開し

雑音端子電圧(コモンモード)の計算

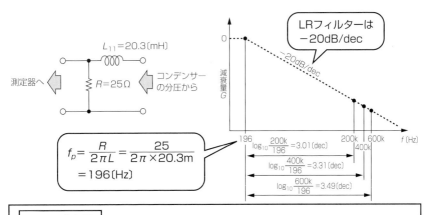

図8-17 LRの減衰量計算とコモンモード成分の雑音端子電圧

て計算します.矩形波のピーク電圧 $V_p=1$ としたフーリエ級数計算は**第11章**の**図11-8**を参照してください.これに当てはめるために V_{INV} を矩形波に置き換え,その矩形波を(ノーマルモードノイズのときと同様に)各高調波成分の包絡線上の値を使用して発生源を計算します.

V_{INV} は**図8-16**の回路で大きく減衰します.出力トランスの等価容量 C_{OT} を小さくすると,この部分での減衰量が大きくなることがわかると思います.また,**図8-14**に示した「インバーターとFGの放熱器との静電容量 C_H」も小さくするためにできれば半導体はFGに放熱しないようにしましょう.

LRの減衰量を**図8-17**で計算します.擬似電源回路網の 50Ω はコモン方向では並列に入るので 25Ω として計算します.これらを合成して,コモンモード成分の雑音端子電圧を求めます.

第8章 ノイズ対策設計

対数表記した値同士の足し算は，対数を真数に変換して足し算を行って，再び対数に変換する．
つまり，

$$A(\mathrm{dB}\mu\mathrm{V}) + B(\mathrm{dB}\mu\mathrm{V}) = 20\log_{10}\left(10^{\frac{A}{20}} + 10^{\frac{B}{20}}\right)(\mathrm{dB}\mu\mathrm{V})$$

（対数を真数に変換して実数同士を足し算する）

（足し算後の真数を再び対数に変換する）

雑音端子電圧（ノーマルモード成分＋コモンモード成分）

ノーマルモード成分とコモンモード成分は位相が同じと仮定する．
（最大値が得られるということと，計算のしやすさから）

① 基本波成分(200kHz) $= 49.5(\mathrm{dB}\mu\mathrm{V}) + 53.0(\mathrm{dB}\mu\mathrm{V})$
$= 20\log_{10}\left(10^{\frac{49.5}{20}} + 10^{\frac{53.0}{20}}\right)$
$= 20\log_{10}(299(\mu\mathrm{V}) + 447(\mu\mathrm{V})) = 20\log_{10}(746(\mu\mathrm{V}))$
$= 57.5(\mathrm{dB}\mu\mathrm{V})$（規則値63.6dBμVに対して6.1dB余裕）

② 2次成分(400kHz) $= 31.7(\mathrm{dB}\mu\mathrm{V}) + 41.0(\mathrm{dB}\mu\mathrm{V})$
$= 20\log_{10}\left(10^{\frac{31.7}{20}} + 10^{\frac{41.0}{20}}\right)$
$= 20\log_{10}(38.5(\mu\mathrm{V}) + 112.2(\mu\mathrm{V})) = 20\log_{10}(150.7(\mu\mathrm{V}))$
$= 43.6(\mathrm{dB}\mu\mathrm{V})$（規則値57.9dBμVに対して14.3dB余裕）

③ 3次成分(600kHz) $= 21.0(\mathrm{dB}\mu\mathrm{V}) + 34.0(\mathrm{dB}\mu\mathrm{V})$
$= 20\log_{10}\left(10^{\frac{21.0}{20}} + 10^{\frac{34.0}{20}}\right)$
$= 20\log(11.2(\mu\mathrm{V}) + 50.1(\mu\mathrm{V})) = 20\log(61.3(\mu\mathrm{V}))$
$= 35.7(\mathrm{dB}\cdot\mu\mathrm{V})$（規則値48dB·μVに対して12.3dB余裕）

図8-18 対数表記した値の足し算と雑音雑端電圧

今まで求めてきたノーマルモードノイズとコモンモードノイズを合成することで雑音端子電圧の計算が完了します．本当はノーマルモードとコモンモードの位相が揃っているとは限らないのですが，大きめに同相と仮定して計算します．このように，しつこく「大きめ」に計算しているのは，実際の電源では出力トランスからラインフィルターへの磁束の飛び込みや，ラインフィルターの前段のヒューズや端子台への磁束の飛び込みで計算値よりも大きくなるので，その余裕をみるためです．

雑音電界強度の規格

8-7 雑音電界強度の規格

　雑音電界強度の目標とする規格を**図 8-19**に示します．一般的な用途の電源ならばもっとも厳しいクラスBを目指しましょう．
　また，雑音端子電圧と同様に，許容値や測定方法は，設計する時点での最新情報を入手してください．

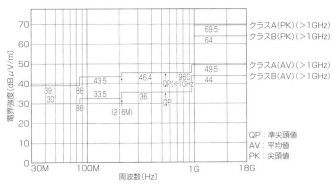

（クラスBは測定距離3mが正しいですが，比較のため10mに換算しています）

(a)　クラスA/B情報技術装置（測定距離10m）

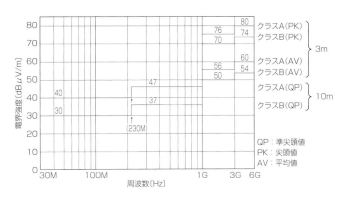

(b)　クラスA/B情報技術装置（測定距離3m/10m）

図 8-19　主な雑音電界強度規制値

147

第8章 ノイズ対策設計

8-8 雑音電界強度の計算

　実際の電源は発生源が電流や電圧というようにきれいに分けることができず，また，発生箇所の形状も複雑なので手計算する方法を確立していません．残念ながら，いきなり電磁界シミュレーションを行うことになります．しかし，電磁界シミュレーションを行う前の基本設計段階で目安になるものがなければ，何に気をつけて設計すべきなのかという最初のきっかけもないことになってしまうので，実際の測定距離 3m に限定した近似式（適用範囲 $f > 17\text{MHz}$）を示します．

　図 8-20 は電流がループを形成している状態で，最も電界強度が大きくなる方向の近似計算です．周波数の自乗で増加します．

　図 8-21 は向かい合った電極に電圧が印加された状態で，最も電界強度が大きくなる方向の近似計算です．2 枚の電極の距離は関係がないので，とにかく電圧で振っている電極の周囲が小さくなるように機構設計してください．

　また，数十 MHz になると振動波形が発生源になる場合が多いので，振動成分のフーリエ級数展開を行って計算します．後出の図 11-14（200 ページ）を参考にして振動するピーク値が小さく，かつ，早く収束するようにスナバなどで調整しましょう．

　雑音電界強度は，ちょっとした条件や形状やシールドの追加などで変化するので，実機での調整が欠かせません．

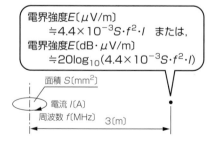

図 8-20　ループ電流による電界強度

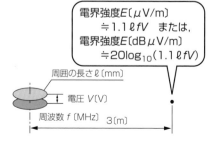

図 8-21　電圧印加による電界強度

第9章

アブノーマル対策設計

第8章までの設計で，動作する電源ができたと思いますが，動作しただけで完了というわけにはいきません．ここで完了したら，アマチュアの自作と同じです．製品を売るからにはそれ相応の責任が付いてくるので，いろいろな破壊モードを考えて，それに対して手を打つ必要があります．

第9章 アブノーマル対策設計

9-1 アブノーマル試験

初期故障，偶発故障，摩耗故障のまったくない部品は存在しません．図 9-1 のように設計者としては，たとえ部品が故障しても装置としての安全性を保証しなくてはいけません．

設計した電源のすべての部品について単一故障モードを想定し，その故障が電源にどのような影響を及ぼすのか事前に予測することを FMEA(Fault Mode and Effects Analysis：フォールトモード影響解析)といいます．この FMEA をすることで，電源が故障した場合の修理が容易になるとか，設計の初期段階において危険な故障(電源が発火するとか部品が破裂するなど)を改善することができます．

FMEA を開発の初期段階で考えながら設計を進めれば，この段階での手戻りがなくなるので，図面の段階で検討する価値は充分にあります．また，心配な構成がある場合は，組み立てて試験を実施するまえに，そこだけを組み立ててアブノーマル試験を事前に行っておくことが必要です．

FMEA を行って「発熱する部品がある」，「どうなるかわからない」と判定した部品について図 9-2 のように実際に破壊させるというアブノーマル試験を実施します．

実際に部品をショートしたりオープンにしたりして電源を破壊する試験ですから，電源の種類によっては相当危険な状態になりますので，充分注意して行ってください．

アブノーマル試験で部品の温度上昇が予測される場合には，その部品の温度を測りながら行います．アブノーマル試験は，ヒューズが切れるか部品の温度上昇が落ち着いたところで終了となりますが，出力が停止したにも関わらず入力電力がある場合は電源内部に損失があるということなので，何が損失しているのかを見極めることも必要です．

たとえば入力電力にして 1W の損失でも，仮に電力損失している部品がチップのセラミックコンデンサーであれば発熱による焼損事故に至るので，部品全体に注意を払います．

アブノーマル試験

図 9-1　部品が壊れても安全第一

第9章 アブノーマル対策設計

図 9-2　安全性試験はつらいよ

9-2 高温過負荷出力試験

　図9-3のように，ユーザーの最もアブノーマルな使用状態（周囲温度が高い場所で過負荷状態）を想定し，その場合でも電源が故障しないレベルの設計であることを確認します．また，安全規格申請を行っているトランスの温度が規格上問題ないことを確認します．常に入力電力が最大になるポイントで，数日間負荷をかけ続けます．

　これを保護する過熱保護回路に使用する過熱保護素子が安全規格認定品でない場合は，過熱保護が動作しない状態で試験しなくてはいけないので注意してください．

　また，高温過負荷出力においてトランスが飽和しないように設計を行う必要があります．トランスは熱暴走する特性があるので，銅損（銅は温度上昇とともに抵抗値が上昇）や鉄損（温度で変化するのでコアごとにメーカー資料を参照すること）を確認しておく必要があります．

　トランスの絶縁種によって許容値が変化するので，使用するトランスの絶縁種を確認する必要があります．許容値はA種絶縁は140℃，E種絶縁は155℃，B種絶縁は165℃，F種絶縁は180℃，H種絶縁は200℃なので，これよりも余裕をとるようにします．また，トランスが取り付けられている基板の温度にも注意してください．

図9-3　高温過負荷出力試験

第9章 アブノーマル対策設計

9-3 電解コンデンサー容量抜け状態試験

　電解コンデンサーの寿命で，ほとんどの電源の寿命が決まります．電源が動作し続けていれば，電解コンデンサーの電解液が徐々に抜けてなくなるときが必ずくるので，図9-4のように電解液がなくなった場合でも危険でないことを確認します．

　電源が稼動しているうちに静電容量は徐々に低下するので，回路動作を想定する際はオープン状態だけではなく容量低下も想定する必要があります．

　具体的には容量低下やオープンなどの状態で，各部の温度を実測して危険な部品が存在しないことを確認します．また，電解コンデンサーの防爆弁が動作しないことを確認します．もし容量低下やオープンの状態で発熱部品が存在する場合には，容量低下したことによるリップル電圧の増加などを検出して電源を停止させるなどの工夫が必要です．

図9-4　電解コンデンサー容量抜け状態試験

9-4 高入力電圧試験

図 9-5 のように,仕様を超える高入力電圧が印加された場合でも,発煙・発火することなく安全に機能を停止することを確認します.

高入力電圧が印加されるモードとしては,使用者が AC100V 系電源に AC200V を誤入力してしまうことがあります.

高入力電圧を印加された場合,1 次側のほとんどの素子は定格電圧を超えてしまうので,各素子の実力耐圧を把握し,もっとも過電圧に弱い素子の破壊によって安全に停止(ヒューズなどの入力ラインの遮断)に至るように回路構成を設計します.

高圧入力を検知して,ヒューズを切ることができるパワー素子をショート動作させてヒューズを切るような回路が有効な場合もあります.

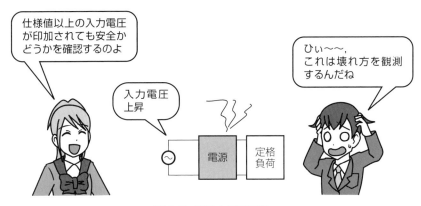

図 9-5 高入力電圧試験

第 9 章　アブノーマル対策設計

9-5　低入力電圧試験

　低入力で電源を動作させると，電力は一定であることから入力電流が増加して，ラインフィルター・入力整流器・インバーターなどの損失が増えます．その状態でも図 9-6 のように安全に動作し続けることを確認します．

　とくに注意しなくてはいけない部品は，「ラインフィルター」，「入力整流器」，「突入電流防止素子(パワーサーミスターなど)」，「出力トランス」，「インバーター素子」などがあります．また LCA75S では使用していませんが，「昇圧コイル」，「カレントトランス」なども使用する場合は事前に損失計算する必要があります．

　入力部の損失計算を行って，その損失から温度上昇を熱シミュレーションなどで予測することをお勧めします．

　リンギングチョークコンバーター(Ringing Choke Converter)など，自励発振している方式を採用した場合は，電源動作が停止するギリギリの状態でも余裕をもってドライブできていることを確認します．

図 9-6　低入力電圧試験

9-6 入力オンオフ繰り返し試験

　電源が起動するときの突入電流によって，各素子にストレスが生じます．これによって電源が故障しないことを，図9-7のように大電力のリレーなどを用いて何千回とオンオフを繰り返し行って確認します．
　オンとオフの期間は最もストレスが大きい期間に設定し，周囲温度は最高にして確認します．
　LCA75Sのようにパワーサーミスターを使用している場合は，入力電解コンデンサーへの充電を繰り返すことによってパワーサーミスターの発熱が最大となります．パワーサーミスターの周囲の部品が熱せられるので注意して測定してください．とくにパワーサーミスターを取り付けている基板の温度が定格温度を超えないことを確認します．
　SCR素子を使用した突入電流防止回路でも，セメント抵抗が入力電解コンデンサーへの充電を繰り返すことによって発熱します．温度ヒューズを内蔵しているセメント抵抗の場合はヒューズが切れない温度であることと，セメント抵抗を取り付けている基板の温度が基板定格温度を超えないことを確認します．

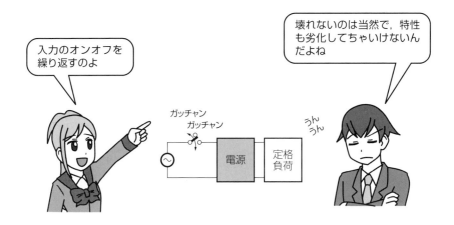

図9-7　入力オンオフ繰り返し試験

第 9 章　アブノーマル対策設計

9-7　無通風試験

　密閉された状態では熱の循環がなくなって，図 9-8 のように通常よりも熱がこもる状態になります．この状態で発熱する部品の温度を測定しながら行います．故障する場合には，安全に故障することを確認します．

　過熱保護回路がある場合は，正常に動作して停止することを確認します．

　保護回路に頼らない設計をする場合には「安全に故障する」ということが重要になってきますが，この「安全に故障する」というのは，発煙・発火せずに電源装置が停止することをいいます．発熱によってパワー素子が破壊しても安全に停止(ヒューズなどの入力ラインの遮断)するように回路構成を設計します．

　やむなく過熱保護回路を付ける場合には，保護素子としてサーマルスイッチ，サーミスター，ポジスターなどを使用し，発熱素子の熱を検出しやすい箇所に設置します．

　試験は入力電圧や出力電流を可変させて，損失が最も大きくなる条件を探して行います．

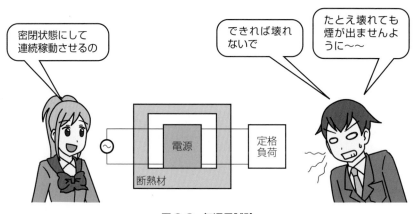

図 9-8　無通風試験

9-8 短絡投入試験

　ユーザーの装置がショート（短絡）していた場合や，負荷にバッテリーが組み込まれていると電源投入時は出力が短絡状態になります．

　図 9-9 のように短絡状態で起動させ，そのときのインバーター電圧や電流などを測定して定格に余裕があることを確認します．また，保護回路がある場合には正常に動作するかも確認します．

　インバーターは，オンからオフに移行する際の漏れインダクタンス成分によるインバーター電圧 V_{ds} のはね上がりが定常時よりも大きくなるので，これも考慮した部品選定が必要です．とくに短絡電流が大きな電源では V_{ds} が大きく上昇します．

　出力整流器の逆電圧 V_{rm} も定常時よりも大きくなるので，これも考慮した部品選定が必要です．

　また，出力コイルが飽和していないことを，計算やインバーター電流の実測値から確認します．

　制御 IC は周波数低下動作の遅れなどから，静的な短絡電流よりも急に短絡状態になったときの過渡的な短絡電流のほうが大きいので，短絡投入試験は実測での確認が欠かせません．

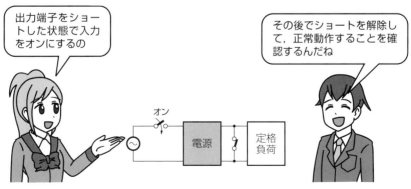

図 9-9　短絡投入試験

第 9 章　アブノーマル対策設計

9-9　短絡放置試験

図 9-10 のように，出力をショート(短絡)で放置しても壊れないことを確認します．

数日間ショート状態で放置した後，入力変動・負荷変動・出力電圧設定・起動波形などの特性が変化していないことで確認します．

事前に，インバーターの電圧 V_{ds} や電流 I_d，出力整流器の耐圧 V_{rm} や電流 I_f，出力コイルの飽和計算と実測を行い，短絡放置試験で壊れないことを確認しておきます．

短絡放置しながら部品の温度上昇を測定します．もし，短絡状態で動作し続けると部品温度定格を超える部品が存在する場合は放熱器を大きくしたり，定格の大きなものに変更したりしますが，それでも温度上昇が定格を超える場合には，出力電圧が低下すると出力を停止させる低電圧保護回路を設けます．

多出力電源の場合で 1 出力だけの短絡がもっとも厳しい条件となります．3 端子レギュレーターなども短絡で故障しやすい部品でしたが，過熱保護回路を内蔵してからは壊れにくくなりました．

自励発振している電源の場合は，入力電圧が最高の場合は短絡電流が大きくなり，入力電圧が最低の場合はインバーター電流の増加とドライブ不足からインバーター損失が増加するのでいずれの場合も注意が必要です．

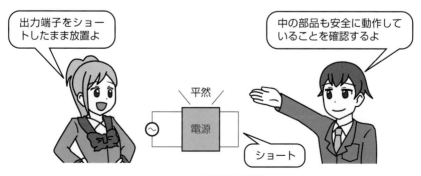

図 9-10　短絡放置試験

9-10 アブノーマル対策事例

9-10-1 ダイオード D_{12}

抵抗 R_{22} が断線すると制御系に高圧が印加するので，制御 IC 周辺が破壊してしまう恐れがあります．その対策として抵抗 R_{22} が断線しても，それに並列に接続している D_{12} に電流を流す方法があります．

制御 IC の過電流検出電圧が 0.2V と，D_{12} の順方向電圧よりも低い値なので 1 本で OK です．過電流検出電圧がダイオードの順方向電圧よりも高い場合はダイオードを直列接続して保護します．

また，ダイオード D_{12} には，ヒューズを切る電流が流れてもショート（短絡）を維持するだけの実力値が求められます．

9-10-2 ツェナーダイオード ZD_{11}

MOS-FET のドレイン D とゲート G がショート破壊しても，制御 IC に高圧が加わらないようにツェナーダイオード ZD_{11} を挿入しています．

ZD_{11} がショート破壊して，R_{17} が断線するかヒューズが切れることで制御 IC を保護します．

9-10-3 過電圧保護回路

制御系のどれがダメになっても，最終的にはこの過電圧保護回路が動作してユーザー負荷を過電圧から保護します．

制御系のパターン断線からも保護できるように，制御系のパターンとは別の箇所から検出するようにしてください．

9-10-4 その他の試験

ここまで紹介した試験はアブノーマル試験や信頼性試験の一部です．

今までのユーザーでの故障事例や，考えうるすべての不具合に対して試験を行うようにしましょう．

第9章 アブノーマル対策設計

COLUMN

アブノーマル試験

　第9章で紹介したアブノーマル試験は，安全性試験や信頼性試験のごく一部です．

　他の安全性試験や信頼性試験の項目として，「異極間短絡」，「ファン停止」，「ファン風量低下」，「出力短絡／開放繰り返し」，「絶縁抵抗」，「耐圧限界」，「外部電圧印加」，「積層セラミックコンデンサーのアブノーマル試験」，「安全アース電流試験」，「パルス負荷時の温度測定」，「PC板温度」，「振動・衝撃」，「ルーズコンタクト試験（動作状態での衝撃）」，「熱衝撃」，「温度サイクル」，「不飽和プレッシャクッカーバイアス」，「高温高湿動作」，「耐洗浄性」，「ハンダ耐熱性」，「ハンダ付け性」，「端子強度」，「塩水噴霧試験」……など，項目を書き並べるだけでもこのページに収まらないくらいです．

　これら安全性試験や信頼性試験のほかにも，各種電気特性試験，EMI/EMS試験，リミットサンプル試験，部品1点1点の電圧，電流，損失，温度上昇の測定，付属機能試験，各種機構評価などの試験を実施しています．

　部品採用時にRoHS指令（ヨーロッパ連合（EU）が定めた電気・電子機器における特定有害物質の使用制限に関する規定．2006年7月1日に施行）による水銀，カドミウム，鉛，六価クロム，PBB（ポリ臭化ビフェニル），PBDE（ポリ臭化ジフェニルエーテル）の6物質の調査・測定を行っています．さらに2007年度はREACH規制，2008年度はPFOS規制が施行され，環境化学物質管理要求はますます厳しいものとなってきています．製品への環境化学物質混入を防止するため，環境化学物質に関する仕組みを構築し，運用しなくてはいけません．

第10章

実効値計算

スイッチング電源の動作原理を理解する上で，交流波形の計算は避けて通れません．電源内の波形には，直流や正弦波に加えて，パルス状の波形も含まれます．これらを計算するために，交流波形を表す数値として，「実効値」，「平均値」，「ピーク値（尖頭値）」，「時比率（デューティー，Duty）」の4つがあります．

第10章　実効値計算

10-1　用語説明

10-1-1　実効値（rms；root mean square value）

交流波形の電力計算に使用する値です．実効値を用いれば，抵抗の損失計算が直流電圧や直流電流と同じように計算できます．

(1) 電圧波形 $v(t)$ の場合

抵抗 R に電圧波形 $v(t)$ を加えた場合の抵抗 R の損失 P は，

$$損失\ P = \frac{（電圧波形\ v(t)の実効値\ V_{rms}）^2}{抵抗\ R}$$

で計算できます．

(2) 電流波形 $i(t)$ の場合

抵抗 R に電流波形 $i(t)$ を流した場合の，抵抗 R の損失 P は，

$$損失\ P = （電流波形\ i(t)の実効値\ I_{rms}）^2 \times 抵抗\ R$$

で求めることができます．

10-1-2　平均値（average）

　一定区間内（主に1周期）で平均した値です．

　コンデンサーの充放電の計算などに使用します．

　コンデンサーを直流電流 I_{DC} で充電した場合と，交流電流 $i(t)$ で充電した場合の電圧上昇が等しいとき，交流電流 $i(t)$ の平均値 I_{ave} は I_{DC} に等しいといえます．

　また，表現を変えれば「定常状態におけるコンデンサーのリード線に流れる電流の平均値は0」ともいえます．

10-1-3　ピーク値（peak，尖頭値）

　一定区間内（主に1周期）における最大値です．

　一定区間内（主に1周期）における0から最も離れた値であり，プラスの値の場合もあれば，マイナスの値の場合もあります．

　一般的にはピークホールド機能のある測定器でも測定できますが，スイッチング電源のような高速のピーク値を測定する場合は主にオシロスコープを使用します．

10-1-4　時比率（デューティー，*Duty*）

　1周期の間に電圧・電流が発生している時間 T_{on} と周期 T との比率です．

$$Duty = \frac{電圧や電流が発生している時間\ T_{on}}{周期\ T}$$

　交流波形では通常 $0 < Duty \leq 1$ の値をとります．直流は $Duty = 1$ になります．

　スイッチング電源の多くは，このデューティーを可変して出力電圧を制御するPWM（Pulse Width Modulation）制御です．

　また，1周期内での特定区間の比率を表すときに使用することもあるので，単純にオン期間 T_{on} と周期 T との比率として覚えると間違えてしまう場合があります．

第 10 章　実効値計算

10-2　実効値計算

　実効値さえ求めれば，抵抗に発生する損失を求めることができます．しかし，その実効値の計算式は式(10-1)や式(10-2)なので，複雑な波形はとても手計算できません．そこで，複雑な波形の場合は「矩形波・正弦波・三角波」に近似して計算することを勧めます．

$$実効電圧\ V_{rms} = \sqrt{\frac{1}{T}\int_0^T v^2(t)dt} \quad \cdots\cdots\cdots\cdots\cdots\cdots\cdots\cdots (10\text{-}1)$$

$$実効電流\ I_{rms} = \sqrt{\frac{1}{T}\int_0^T i^2(t)dt} \quad \cdots\cdots\cdots\cdots\cdots\cdots\cdots\cdots (10\text{-}2)$$

　「矩形波・正弦波・三角波(**図 10-1〜10-3**)」であれば，**表 10-1〜10-3** を用いることで，「平均値・ピーク値・デューティー」のうちのいずれか 2 つがわかれば実効値を求めることができます．

　また，平均値も「実効値・ピーク値・デューティー」のいずれか 2 つがわかれば求めることができます．

　同様に，ピーク値も「実効値・平均値・デューティー」のいずれか 2 つがわかれば求めることができますし，デューティーも「実効値・平均値・ピーク値」のいずれか 2 つがわかれば求めることができます．

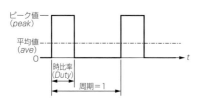

図 10-1　矩形波の各部の用語

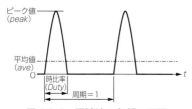

図 10-2　正弦波の各部の用語

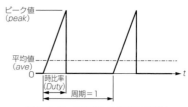

図 10-3　三角波の各部の用語

実効値計算

表 10-1 矩形波のピーク値・平均値・実効値・時比率の計算方法

項目番号	項目	ピーク値(peak)			平均値(ave)			実効値(rms)
		平均値(ave)	実効値(rms)	時比率(Duty)	実効値(rms)	時比率(Duty)		時比率(Duty)
1	ピーク値= (peak =)				$\dfrac{rms^2}{ave}$	$\dfrac{ave}{Duty}$		$\dfrac{rms}{\sqrt{Duty}}$
2	平均値= (ave =)		$\dfrac{rms^2}{peak}$	$peak \times Duty$				$rms \times \sqrt{Duty}$
3	実効値= (rms =)	$\sqrt{peak \times ave}$		$peak \times \sqrt{Duty}$		$\dfrac{ave}{\sqrt{Duty}}$		
4	時比率= (Duty =)	$\dfrac{ave}{peak}$	$\left(\dfrac{rms}{peak}\right)^2$		$\left(\dfrac{ave}{rms}\right)^2$			

表 10-2 正弦波のピーク値・平均値・実効値・時比率の計算方法

項目番号	項目	ピーク値(peak)			平均値(ave)		実効値(rms)
		平均値(ave)	実効値(rms)	時比率(Duty)	実効値(rms)	時比率(Duty)	時比率(Duty)
1	ピーク値= (peak =)				$\dfrac{4}{\pi} \times \dfrac{rms^2}{ave}$	$\dfrac{\pi}{2} \times \dfrac{ave}{Duty}$	$\sqrt{2} \times \dfrac{rms}{\sqrt{Duty}}$
2	平均値= (ave =)		$\dfrac{4}{\pi} \times \dfrac{rms^2}{peak}$	$\dfrac{2}{\pi} \times peak \times Duty$			$\dfrac{\sqrt{8}}{\pi} \times rms \times \sqrt{Duty}$
3	実効値= (rms =)	$\dfrac{\sqrt{\pi}}{2} \times \sqrt{peak \times ave}$		$peak \times \sqrt{\dfrac{Duty}{2}}$		$\dfrac{\pi}{\sqrt{8}} \times \dfrac{ave}{\sqrt{Duty}}$	
4	時比率= (Duty =)	$\dfrac{\pi}{2} \times \dfrac{ave}{peak}$	$2 \times \left(\dfrac{rms}{peak}\right)^2$		$\dfrac{\pi^2}{8} \times \left(\dfrac{ave}{rms}\right)^2$		

表 10-3 三角波のピーク値・平均値・実効値・時比率の計算方法

項目番号	項目	ピーク値(peak)			平均値(ave)		実効値(rms)
		平均値(ave)	実効値(rms)	時比率(Duty)	実効値(rms)	時比率(Duty)	時比率(Duty)
1	ピーク値= (peak =)				$1.5 \times \dfrac{rms^2}{ave}$	$2 \times \dfrac{ave}{Duty}$	$\sqrt{3} \times \dfrac{rms}{\sqrt{Duty}}$
2	平均値= (ave =)		$1.5 \times \dfrac{rms^2}{peak}$	$\dfrac{peak \times Duty}{2}$			$\dfrac{\sqrt{3}}{2} \times rms \times \sqrt{Duty}$
3	実効値= (rms =)	$\sqrt{\dfrac{peak \times ave}{1.5}}$		$peak \times \sqrt{\dfrac{Duty}{3}}$		$\dfrac{2}{\sqrt{3}} \times \dfrac{ave}{\sqrt{Duty}}$	
4	時比率= (Duty =)	$2 \times \dfrac{ave}{peak}$	$3 \times \left(\dfrac{rms}{peak}\right)^2$		$\dfrac{4}{3} \times \left(\dfrac{ave}{rms}\right)^2$		

第 10 章 実効値計算

10-3 計算例

図 10-4 に示す矩形波を，表 10-1 を使って計算してみましょう．

- 実効値は表 10-1 の項目番号 3 を用います．

$$実効値(rms) = peak \times \sqrt{Duty} = 15[V_{peak}] \times \sqrt{\frac{5}{16}}$$

$$= 8.39[V_{rms}]$$

- 平均値は表 10-1 の項目番号 2 を用います．

$$平均値(ave) = peak \times Duty = 15[V_{peak}] \times \frac{5}{16}$$

$$= 4.69[V_{ave}]$$

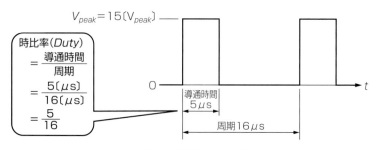

図 10-4　計算例 1（矩形波）

図 10-5 に示す正弦波を，表 10-2 を使って計算してみましょう．

- 実効値は表 10-2 の項目番号 3 を用います．

$$実効値(rms) = \frac{\pi}{\sqrt{8}} \times \frac{ave}{\sqrt{Duty}} = \frac{\pi}{\sqrt{8}} \times \frac{0.5[A_{ave}]}{\sqrt{0.4}}$$

$$= 0.88[A_{rms}]$$

- ピーク値は表 10-2 の項目番号 1 を用います．

$$ピーク値(peak) = \frac{\pi}{2} \times \frac{ave}{Duty} = \frac{\pi}{2} \times \frac{0.5}{0.4}$$

$$= 1.96[A_{peak}]$$

計算例

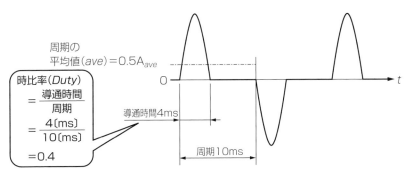

図 10-5 計算例 2（正弦波）

図 10-6 に示す三角波を，表 10-3 を使って計算してみましょう．

- 実効値は表 10-3 の項目番号 3 を用います．

$$実効値(rms) = \frac{2}{\sqrt{3}} \times \frac{ave}{\sqrt{Duty}} = \frac{2}{\sqrt{3}} \times \frac{10}{\sqrt{0.7}}$$
$$= 13.8 [A_{rms}]$$

- ピーク値は表 10-3 の項目番号 1 を用います．

$$ピーク値(peak) = 2 \times \frac{ave}{Duty} = 2 \times \frac{10}{0.7}$$
$$= 23.6 [A_{peak}]$$

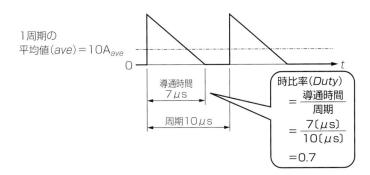

図 10-6 計算例 3（三角波）

第 10 章　実効値計算

10-4　計算例（波形の合成）

　図 10-7 に示す複雑な波形の実効値計算はどのように行えばよいのでしょうか？　それは，時間で 3 つの波形に分けて各部の波形の実効値計算を行い，「root mean square value」の意味の通り，各部波形の実効値を自乗して足し合わせてその平方根から求めます．

　実効値計算は，図 10-7 の波形 1〜3 の実効値を表 10-2 の項目番号 3 を用いて行います．

①波形 1 の実効値計算

$$\text{波形 1 の実効値 } I_{rms1} = peak \times \sqrt{\frac{Duty}{2}} = 1 \times \sqrt{\frac{0.05}{2}}$$
$$\fallingdotseq 0.158 \, [\text{A}_{rms}]$$

②波形 2 の実効値計算

$$\text{波形 2 の実効値 } I_{rms2} = peak \times \sqrt{\frac{Duty}{2}} = 0.3 \times \sqrt{\frac{0.05}{2}}$$
$$\fallingdotseq 0.047 \, [\text{A}_{rms}]$$

③波形 3 の実効値計算

$$\text{波形 3 の実効値 } I_{rms3} = peak \times \sqrt{\frac{Duty}{2}} = 0.1 \times \sqrt{\frac{0.05}{2}}$$
$$\fallingdotseq 0.016 \, [\text{A}_{rms}]$$

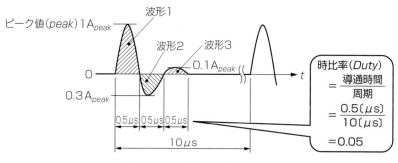

図 10-7　計算例 4（正弦波）

計算例(波形の合成)

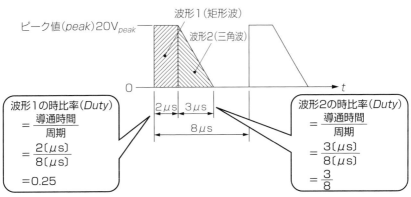

図 10-8　計算例5(矩形波と三角波の合成)

④ 1周期の実効値計算(I_{rms1}, I_{rms2}, I_{rms3} の合成)

$\quad$ 1周期の実効値 $I_{rms} = \sqrt{I_{rms1}^2 + I_{rms2}^2 + I_{rms3}^3}$
$\quad\quad\quad\quad\quad\quad\quad\quad = \sqrt{0.158^2 + 0.047^2 + 0.016^2}$
$\quad\quad\quad\quad\quad\quad\quad\quad ≒ 0.166 [\mathrm{A}_{rms}]$

図 10-8 に示す波形も,時間で2つの波形を分けて各部の波形の実効値計算を行い,各部波形の実効値を自乗して足し合わせてその平方根から求めます.

①波形1の実効値計算

$\quad$ 表 10-1 の項目番号3を用います.

$\quad\quad$ 波形1の実効値 $V_{rms1} = peak \times \sqrt{Duty} = 20 \times \sqrt{0.25}$
$\quad\quad\quad\quad\quad\quad\quad\quad\quad\quad = 10 [\mathrm{V}_{rms}]$

②波形2の実効値計算

$\quad$ 表 10-3 の項目番号3を用います.

$\quad\quad$ 波形2の実効値 $V_{rms2} = peak \times \sqrt{\dfrac{Duty}{3}} = 20 \times \sqrt{\dfrac{\frac{3}{8}}{3}}$
$\quad\quad\quad\quad\quad\quad\quad\quad\quad\quad = 7.07 [\mathrm{V}_{rms}]$

③ 1周期の実効値計算(V_{rms1} と V_{rms2} の合成)

$\quad$ 1周期の実効値 $V_{rms} = \sqrt{10^2 + 7.07^2}$
$\quad\quad\quad\quad\quad\quad\quad = 12.2 [\mathrm{V}_{rms}]$

第 10 章 実効値計算

10-5 台形波の実効値計算

　前項までで「矩形波・正弦波・三角波」や，その組み合わせの計算方法を説明しましたが，矩形波や三角波のどちらにも近似しにくいような台形波の場合は図10-9のように計算します．

　図10-9のAとBは，0にしたり等しくしたりすることができます．たとえば，$A=0$とするとピーク値がBの三角波の実効値計算の式になり，$B=0$とするとピーク値がAの三角波の実効値計算の式になり，$A=B$とするとピーク値がAの矩形波の実効値計算の式になります．

　また，この式の範囲はAやBがプラスの値にもマイナスの値にも対応しているので，たとえば，$A=-1$，$B=1$，$Duty=1$の場合は，

$$\sqrt{((-1)^2+(-1)\times 1+1^2)\times \frac{1}{3}}=\sqrt{(1-1+1)\times \frac{1}{3}}=\sqrt{\frac{1}{3}}$$

となって，ピーク値=1，$Duty=1$の三角波の実効値と同じ値になります．意外とスイッチング電源設計で最もよく使用する実効値計算の式かもしれません．

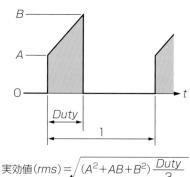

実効値$(rms)=\sqrt{(A^2+AB+B^2)\dfrac{Duty}{3}}$

図10-9　台形波の実効値計算

10-6 正弦波の一部が欠けている波形の実効値計算

正弦波の一部だけを利用した場合の実効値計算を図10-10に示します．
$Duty = 1$ にすると，正弦波の実効値計算の式になります．
角度の単位で式を使い分けてください．
トライアックを使用した調光器なども，この計算式で実効値計算できます．
デューティーが30％近傍でもっとも変化が大きくて，デューティーが0％や100％に近づくにつれて変化が小さくなります．

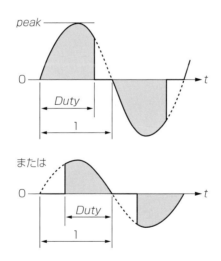

sinの単位を〔rad（ラジアン）〕で計算する場合

$$実効値(rms) = \frac{peak}{\sqrt{2}}\sqrt{Duty - \frac{\sin(2\pi \times Duty)}{2\pi}}$$

sinの単位を〔deg〕〔°〕〔度〕で計算する場合

$$実効値(rms) = \frac{peak}{\sqrt{2}}\sqrt{Duty - \frac{\sin(360 \times Duty)}{2\pi}}$$

図10-10 正弦波の一部が欠けている場合の実効値計算

第10章 実効値計算

10-7 正弦波が直流重畳している波形の実効値計算

　正弦波が0を中心に振幅している場合は正弦波の実効値計算の式で計算できますが，その正弦波の振幅の中心が0ではなく直流成分(DC)を中心に振幅している場合は図10-11の方法で計算します．

　DC＝0にすると，正弦波の実効値計算の式になります．

　アクティブ型力率改善回路の入力電解コンデンサーへの電流の実効値はDC＝$peak$なので，計算するとDC値の約1.2倍になります．

　DC＝5V，$peak$＝1Vならば，実効値＝5.05Vとなり，ほとんどDC値となります．

　このようにDC≫$peak$の場合はDC値に収束するので，出力電圧で損失計算する場合は，出力リップル成分を無視して出力電圧だけで計算しても問題にならないことがわかります．

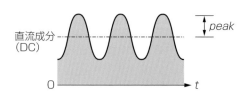

$$実効値(rms) = \sqrt{\frac{peak^2}{2} + DC^2}$$

（DC≫$peak$ならば$peak$成分はほぼ無視できる）

図10-11　正弦波が平均値を中心に振動している場合の実効値計算

10-8 指数関数で減少している波形の実効値計算

コンデンサーを抵抗で放電する回路を構成した場合の計算に便利です．図10-12のように「ピーク値と充電の繰り返し周期 T と減衰の時定数 τ」で計算します．

時定数 τ は，充電しているコンデンサーの容量 C と放電する抵抗 R の積で計算することもできます．また，波形から直接計算する場合は，ピーク値の e^{-1} 倍(約 0.368 倍)になるまでの時間を τ として計算します．

周期 $T=1$ で時定数 τ が周期の 50% の場合は，

$$実効値(rms) = peak\sqrt{\frac{0.5}{2\times 1} \times (1-e^{-\frac{2\times 1}{0.5}})}$$

$$= peak\sqrt{\frac{1}{4} \times (1-e^{-4})}$$

$$= peak\sqrt{\frac{1}{4} \times (1-0.0183)}$$

$$\fallingdotseq peak\sqrt{\frac{1}{4}}$$

$$= \frac{peak}{2}$$

となり，ピーク値の約 50% の実効値になります(損失計算すると，抵抗値が等しければピーク値の 25% の損失です)．

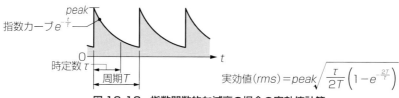

図 10-12 指数関数的な減衰の場合の実効値計算

第10章 実効値計算

10-9 正弦波が減衰振動している波形の実効値計算

図 10-13 に示すように，正弦波が減衰振動している場合でも，繰り返し波形ならば図 10-12 と同様のイメージで計算できます．これも，波形から直接計算する場合は，ピーク値の e^{-1} 倍（約 0.368 倍）になるまでの時間を τ として計算します．

正弦波が減衰しない場合は $\tau \to \infty$ なので，

$$実効値(rms) = \frac{peak}{\sqrt{2}}$$

に収束します．当然ですが，これは正弦波の実効値計算と同じです．

周期 $T=1$ で時定数 τ が周期の 1% の場合は，

$$実効値(rms) = \frac{peak}{2}\sqrt{\frac{0.01}{1} \times (1 - e^{-\frac{2}{0.01}})}$$

$$= \frac{peak}{2}\sqrt{\frac{1}{100} \times (1 - e^{-200})} \fallingdotseq \frac{peak}{2}\sqrt{\frac{1}{100} \times (1 - 0)}$$

$$\fallingdotseq \frac{peak}{20}$$

となり，ピーク値の約 5% の実効値になります（損失計算すると，抵抗値が等しければピーク値の 0.25% の損失です）．

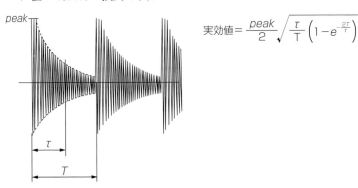

$$実効値 = \frac{peak}{2}\sqrt{\frac{\tau}{T}\left(1 - e^{-\frac{2T}{\tau}}\right)}$$

図 10-13 正弦波が減衰振動している場合の実効値計算

10-10 コンデンサーに流れる電流の実効値計算

コンデンサーに流れる電流の実効値をリップル電流と呼称します．このリップル電流を計算する理由は，コンデンサーによって流せるリップル電流に上限(最大リップル電流定格)が設けられている場合が多いからです．

この計算の特徴は，コンデンサーは定常状態で充電電流＝放電電流となるということです．表現を変えるならば「コンデンサーへ入力する電流の平均値はコンデンサーから出力する電流の平均値に等しい」といえます．

10-10-1 低周波リップル電流計算

低周波とは，一般的に商用電源の周波数(50Hz，60Hz)に起因する周波数です．

商用電源を整流してコンデンサーで平滑するのですが，このコンデンサーに流れる電流波形は，大きく分けると2種類あります．

商用電源からダイオードを経て，直接コンデンサーを接続して平滑する構成を「コンデンサーインプット」といいます．構成が簡単ですが，流れる電流のピーク値が大きくなるので実効値が大きくなってしまい，それに伴ってコンデンサーのリップル電流が大きくなってしまうという短所があります．

それに対して，商用電源からアクティブフィルターという力率改善回路を通してコンデンサーで平滑する構成は「アクティブフィルター」といいます．構成が複雑ですが流れる電流のピーク値が小さくなるので実効値を小さくでき，それにともなってコンデンサーのリップル電流を小さくすることができるという長所があります．

(1) コンデンサーインプット

正弦波近似して図 10-14 のように計算します．

平均電流は図 10-14 の「コンデンサーからの出力電流」に等しいので，「コンデンサーから右側に伝送する電力」を「コンデンサーの印加電圧」で割ることで計算できます(ただし，概略計算を簡単に行うために，出力電流も印加電圧も直流に近似します)．

第10章 実効値計算

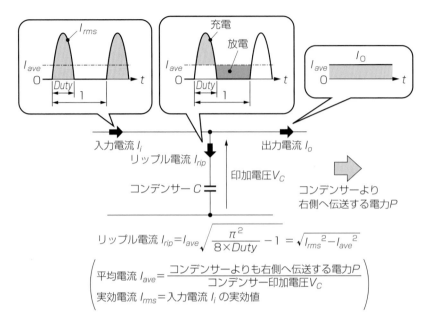

図10-14 低周波リップルに多い波形のリップル電流計算
（コンデンサーインプットの場合）

　計算に使用する $Duty$ は使用環境や使用している部品で異なりますが，設計初期段階での概略計算用には，力率＝0.5 と仮定して $Duty = 0.25$ を使用することを推奨します（力率＝0.4 と仮定すれば $Duty = 0.16$，力率＝0.6 と仮定すれば $Duty = 0.36$）．

　実際に流れる電流は正確な正弦波ではないので厳密計算ではありませんが，設計初期段階での目安として使用することができます．

　入力電流のピーク値は「突入電流防止用のパワーサーミスターと電解コンデンサーの抵抗成分と配線の抵抗値」と「ラインフィルターと配線のインダクタンス」で制限されているので，これらが低いと力率は悪くなります．

(2) アクティブフィルター

　図10-15 で計算します．
　平均電流はコンデンサーインプットと同じ方法で概略計算します．
　アクティブフィルターが力率＝1 で動作している場合は，入力コンデンサーへ流れる電流は，図10-15 に示すよう平均値＝ピーク値＝出力電流で，かつ，商用

コンデンサーに流れる電流の実効値計算

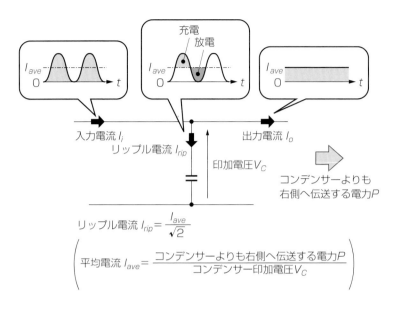

**図 10-15 低周波リップルに多い波形のリップル電流計算
（アクティブフィルターの場合）**

周波数の2倍の周波数となる正弦波なので，平均値を$\sqrt{2}$で割ることでリップル電流(実効値)を計算することができます．

これも，実際に流れる電流は正確な正弦波ではないので厳密計算ではありませんが，設計初期段階での目安として使用することができます．

10-10-2 高周波リップル電流計算

高周波とは，スイッチング周波数(数十k～数百kHz)に起因する周波数です．

コンデンサーに流れる電流を正弦波や三角波・台形波に近似して計算すると簡単です．

計算で使用する平均電流は，低周波リップル電流計算で求めた平均電流をそのまま使用します．

(1) 矩形波

シングルフォワードコンバーターなどの入力コンデンサーや出力コンデンサーは，設計初期段階では矩形波に近似して計算すると，図10-16のように簡単に計算

第10章　実効値計算

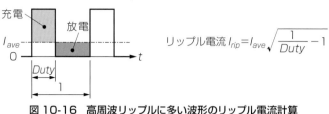

図10-16　高周波リップルに多い波形のリップル電流計算
（リップル電流を矩形波近似した場合）

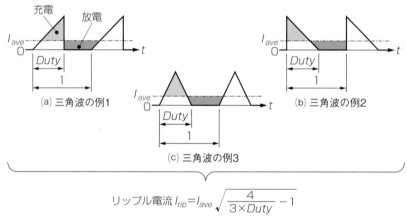

図10-17　高周波リップルに多い波形のリップル電流計算
（リップル電流を三角波近似した場合）

することができます.

大量に比較計算したい場合や，すぐにだいたいの目安を得たい場合に重宝します.

(2) 三角波

図10-17で計算します.

フライバックコンバーターや昇圧型コンバーターなどを不連続モードや臨界モードで使用している場合の，入力コンデンサーや出力コンデンサーのリップル電流計算に使用します.

図10-17(a)〜(c)のいずれの三角波でも同様に計算することができます.

(3) 台形波

シングルフォワードコンバーターや，フライバックコンバーター・昇圧コンバーターを連続モードで使用した場合のリップル電流を，矩形波よりも正確に計算したい

コンデンサーに流れる電流の実効値計算

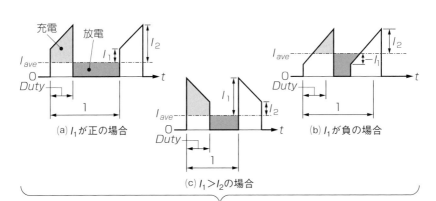

$$I_{rip} = \sqrt{(I_1^2 + I_1 I_2 + I_2^2)\frac{Duty}{3} + I_{ave}^2(1 - Duty)}$$

注1：I_1やI_2がI_{ave}よりも小さい場合はマイナスとして計算する．
注2：$I_1 < I_2$でも$I_1 \geq I_2$でも同じ計算式で計算可能．

図 10-18　高周波リップルに多い波形のリップル電流計算
（リップル電流を台形波近似した場合）

場合は図 10-18 のように台形波に近似して計算します．

図 10-18(a)～(c)のいずれの台形波でも同じ式で計算することができます．

(4) 正弦波

電流共振型のコンバーターなど，正弦波状の電流が流れる場合は図 10-14 を用いて概略計算します．

10-10-3　低周波と高周波の合成

電解コンデンサーは「低周波リップル電流定格の最大値」と「高周波リップル電流定格の最大値」が異なることがあります．そこで，低周波リップル電流と高周波リップル電流の両方が混在して流れている場合の合成リップル電流計算は，図 10-19 のように低周波リップル電流や高周波リップル電流に補正係数を与えて計算します．ただし，使用する電解コンデンサーのメーカーや種類によって異なる場合もあるので，必ずメーカーのカタログを確認しなくてはいけません．

電解コンデンサー以外でも，周波数によって最大リップル電流定格が異なる製品もあるので確認が必要です．

第10章　実効値計算

図10-14，図10-15で計算した I_{rip}

図10-16〜図10-18で計算した I_{rip}

$$\text{コンデンサーのリップル電流 } I_{rip}[A] = \sqrt{\left(\frac{\text{低周波のリップル電流}}{\text{周波数補正係数}K_{f(低周波)}}\right)^2 + \left(\frac{\text{高周波のリップル電流}}{\text{周波数補正係数}K_{f(高周波)}}\right)^2}$$

各周波数の補正係数は，メーカーやコンデンサーの種類ごとに異なるので，使用するコンデンサーのカタログに記載されている値を使用する

図10-19　低周波リップルと高周波リップルが流れている場合のリップル電流計算

COLUMN

基礎に裏打ちされた発想が大切

　シミュレーター(Simulator)はとても便利です．回路，熱，電磁界などのシミュレーターを活用すれば，手計算では求められない複雑な計算ができてしまいます．第10章から第12章までの基礎知識がなくても自動的に答えが出てくるので，電子回路なども含めて基礎知識は不要なのではと思ってしまうほどです．しかし，シミュレーションする回路や機構構造は，人間が発想してコンピューターに入力しなくてはなりません．コンピューターはひらめくことがないからです．基礎知識と経験と，なんとかしようという人の想いから最初のひらめきが生まれると信じています．

　シミュレーションを行う数値を決めるにも基礎知識と経験が欠かせません．また，シミュレーションが正常動作しているのか誤動作しているのかの判定も，基礎に基づいた「このくらいの値になるはず」という予測がなくてはできません．

　電源装置に問題が発生した場合も，シミュレーターが自動的に不良原因と対策を導いてくれることはありません．自分の中で多くの基礎知識と経験とを有機的につなぎ合わせることができなければ，いたずらに時間を浪費するばかりです．

　そこで，経験が少ないうちは多くの詳しい専門書を読んで，基礎から理解されることをお勧めします．

第11章

フーリエ級数展開

周波数で抵抗値が変化しない理想の抵抗ならば,「印加する電圧」や「流れる電流」の実効値がわかれば損失計算できることを第10章で説明しました.しかし,周波数で抵抗値が変動する部品は,単純に実効値で計算することができません.周波数によって抵抗値が変動する部品の損失計算をするには,その部品の「抵抗値の周波数特性」と「各周波数の電流の実効値」または「各周波数の電圧の実効値」を求めて,各周波数の損失計算をして合成します.そのためには,時間で変化する波形$v(t)$や$i(t)$を求めて,それをフーリエ級数展開して各周波数の実効値を計算する必要があります.また,雑音端子電圧や電界強度も,フーリエ級数展開して各周波数の実効値を計算する必要があります.

第11章 フーリエ級数展開

11-1 用語説明

(1) 繰り返し波形（$v(t)$ や $i(t)$，$f(t)$ などで表記する）

時間的に同じ波形が繰り返し現れる波形のことです．

(2) 周期 T

スイッチング電源波形のように繰り返し同じ波形が続く場合，その繰り返しの時間を周期 T といいます．単位は〔秒〕または〔s〕です．

図11-1 繰り返し波形は必ず周波数の整数倍の成分に展開できる

用語説明

(3) 基本周波数 f_1

繰り返し周期 T の周波数 $f_1(=1/T)$ を基本周波数といいます。単位は〔Hz〕。
周期 $T=10\mu s$ ならば、基本周波数 $f_1=1/10\mu s=100kHz$。

(4) n 次高調波 f_n

n は整数を表す記号です。f_n と記載すれば、基本周波数 f_1 の n 倍の周波数のことで、その周波数のことを n 次高調波(または次数 n)といいます。
基本周波数 $f_1=100kHz$ ならば、2次高調波 $f_2=200kHz$、3次高調波 $f_3=300kHz$ となります。

(5) 級数

特定の決まりにしたがって無限に足し合わせる式の連なりです。

無限に足し合わせるので答えは無限になると思われるかもしれませんが、実際はその特定の決まりによっては無限に足してもある値に収まっていく(収束する)場合がありますし、また、特定の決まりによっては足し合わせた答えが無限になる(発散する)場合もあります。

今回使用するフーリエ級数は前者です。フーリエ級数に変換する前の波形が有限の値 $f(t)$ であれば、変換後のフーリエ級数は無限に足し合わせることで $f(t)$ に収束するのです。

(6) フーリエ級数 (Fourier series)

スイッチング電源波形のように「繰り返し周期 T で時間的に変化している波形」は、その繰り返し周期 T の基本周波数 $f_1(=1/T)$ と n 次高調波 f_n の sin 波と cos 波と直流成分の合成で作ることができます。つまり、時間軸での波形 $f(t)$ が、$f(t)$ の平均値(直流)と繰り返し周期 T の周波数 $f_1(=1/T)$ とその整数倍の周波数 f_n の和(交流)として表すことができるということです。

(7) フーリエ級数展開

「繰り返し周期 T で時間的に変化している波形」を、その繰り返し周期 T の基本周波数 $f_1(=1/T)$ とその整数倍の周波数 f_n の「cos の係数(ピーク値)a_n」と「sin の係数(ピーク値)b_n」と、直流成分に分ける方法です。

公式は図11-2のように複雑で、単純な波形でも高次の高調波成分まで手計算しようとすると大変です。

第11章 フーリエ級数展開

図11-2 フーリエ級数展開の公式

11-2 フーリエ級数展開のイメージ

「フーリエ級数展開」という用語を聞いたことや計算したことはあると思いますが，具体的なイメージがわかりにくかったと思います．そこで，イメージを最優先とした簡単な説明を図11-3に示します．ただし，波形をフーリエ級数展開するにはa_n(cos成分)とb_n(sin成分)の両方を計算しなくてはいけないのですが，cos成分のないsin波成分だけを含む波形を使うことでcos成分の説明を省略しました．

図11-3でイメージして欲しいのは「波形に任意の周波数成分f_nがあるかないかは，波形にその周波数成分f_nを掛け算すればわかる」ということです．

波形にその周波数成分f_nがなければ，掛け算した後の波形の平均値はゼロになるのです(図11-3の「2次高調波成分の実効値計算」参照)．

掛け算した後の波形の面積の平均値が存在すれば，その周波数成分f_nがあるということです(図11-3の「直流成分の計算」，「基本波成分の実効値計算」，「3次高調波成分の実効値計算」参照)．

詳細な説明は省きますが，ここで求めた平均値の2倍がフーリエ級数展開した「周波数f_nの係数」です．cosを掛け算して求めた係数がa_nで，sinを掛け算して求めた係数はb_nで表します．このa_nとb_nの足し算は，お互いの位相が90degずれているので$\sqrt{a_n^2+b_n^2}$で計算します．また，「a_nとb_n」が「cosとsinの係数」ということは，「a_nとb_n」は「ピーク値」ということです．実効値はピーク値の$1/\sqrt{2}$なので，周波数f_nの実効値は，

$$\text{周波数}f_n\text{の実効値} = \sqrt{\text{cos成分の実効値}^2 + \text{sin成分の実効値}^2}$$
$$= \sqrt{\left(\frac{a_n}{\sqrt{2}}\right)^2 + \left(\frac{b_n}{\sqrt{2}}\right)^2}$$
$$= \sqrt{\frac{a_n^2+b_n^2}{2}}$$

で計算します．直流成分は波形の平均値です．

第11章 フーリエ級数展開

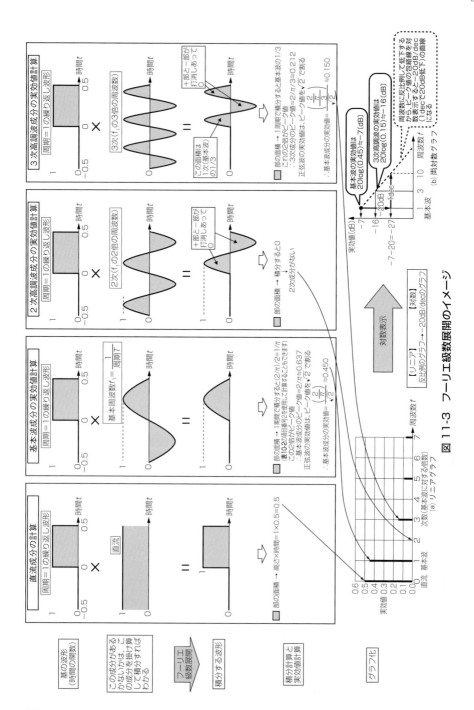

図11-3 フーリエ級数展開のイメージ

11-3 矩形波のフーリエ級数展開ノモグラム

　イメージはわかっていただけたと思いますが，具体的に手計算するのは面倒です．そこで，図 11-4 の「矩形波のフーリエ級数展開ノモグラム」を見てください．x 軸は矩形波のデューティー($Duty$)で，y 軸は各次数(高調波成分)の実効値です．これを使えば，簡単に矩形波の各次数の実効値を得ることができます．ノモグラムは $1V_{peak}$ での計算結果なので，ノモグラムから得た数値に，求めたい波形のピーク値を掛け算するだけで求めたい波形をフーリエ級数展開した値がわかります．

　また，図を見ればデューティーを変化させた場合の各次数の変化も直感的にわかると思います．

　図11-4～11-7 で使用方法を説明します．

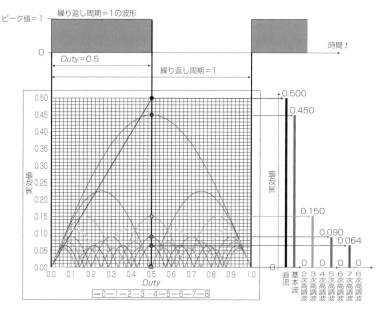

図 11-4　矩形波のフーリエ級数展開ノモグラムの使い方($Duty$=50%)

第 11 章　フーリエ級数展開

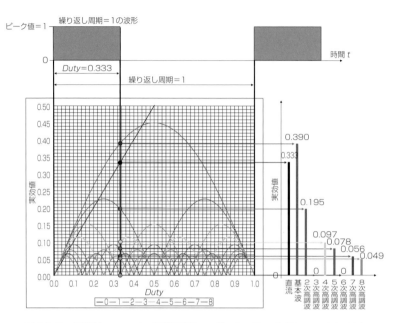

図 11-5　矩形波のフーリエ級数展開ノモグラムの使い方（Duty=33.3%）

　図11-4は，デューティーが50%（$Duty=1/2=0.5$）の場合の読み取り方の具体例です．

　x軸の$Duty=0.5$に縦線を引きます．それと各周波数の次数の線との交点で各周波数成分の実効値を直接読み取ることができます．偶数の次数が0になっていることがわかると思います．

　図11-5は，デューティーが33.3%（$Duty=1/3\fallingdotseq 0.333$）の場合の読み取り方の具体例です．

　x軸の$Duty=0.333$に縦線を引きます．それと各周波数の次数の線との交点で各周波数成分の実効値を直接読み取ることができます．3の倍数の次数が0になっていることがわかると思います．

　図11-6は，デューティーが30%（$Duty=0.3$）の場合の読み取り方の具体例です．

　x軸の$Duty=0.3$に縦線を引きます．それと各周波数の次数の線との交点で各周波数成分の実効値を直接読み取ることができます．0になる次数がないことがわかると思います．

　図11-7は，デューティーが25%（$Duty=1/4=0.25$）の場合の読み取り方の具

矩形波のフーリエ級数展開ノモグラム

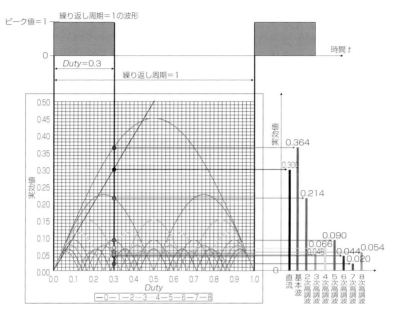

図11-6 矩形波のフーリエ級数展開ノモグラムの使い方（$Duty = 30\%$）

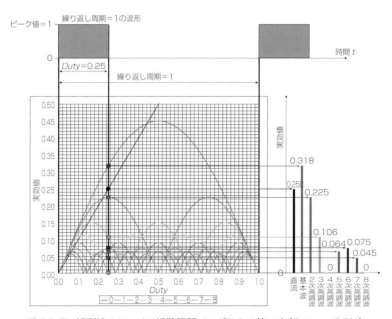

図11-7 矩形波のフーリエ級数展開ノモグラムの使い方（$Duty = 25\%$）

第 11 章　フーリエ級数展開

体例です.

　x 軸の $Duty=0.25$ に縦線を引きます．それと各周波数の次数の線との交点で各周波数成分の実効値を直接読み取ることができます．4 の倍数の次数がゼロになっていることがわかると思います．

　このノモグラムを見ればわかるように，n 次高調波 f_n の実効値は，デューティーに対して正弦波的に増減し，デューティーを変化させた場合の最大値は基本周波数 f_1 の最大値の $1/n$ になります．

11-4　フーリエ級数展開（周波数特性の傾向）

　図 11-3〜11-7 で，矩形波のデューティーを変化させた場合のフーリエ級数展開の簡単な求め方を示しましたが，周波数特性で表現するとどうなるのでしょうか？　他の波形の傾向と比較してみてください．

11-4-1　矩形波

　図 11-8 を見てください．図 11-4〜11-7 にかけて説明してきた矩形波の周波数特性を両対数グラフ化したものです．

　図 11-4 からピーク値が 1V で $Duty=0.5$ の基本波（1 次）の実効値は，0.450V であることがわかっています（0.45V=450,000 μV）．この基本波の実効値を，〔μV〕を基準とした対数表記である〔dBμV〕（$1\mu V=0 dB\mu V$）で表すと，

　　0.45V は $20\log(450,000)=20\times 5.653=113$〔dB$\mu$V〕

となります．

　また，デューティーによって実効値はいろいろな値になりますが，その n 次高調波の最大値は $1/n$ で減少しています．これは図 11-3 などのノモグラムでわかるように，n 次高調波の最大値は基本周波数 f_1 の最大値の $1/n$ となるからです．

　n 次高調波の $1/n$ ということは，周波数が 10 倍になれば，最大値が 1/10 に低下するということです（10 倍は 1dec(decade)で，1/10 は対数で表記すると $20\log(1/10)=20\times(-1)=-20$dB です）．これを両対数グラフで表すと 1dec で

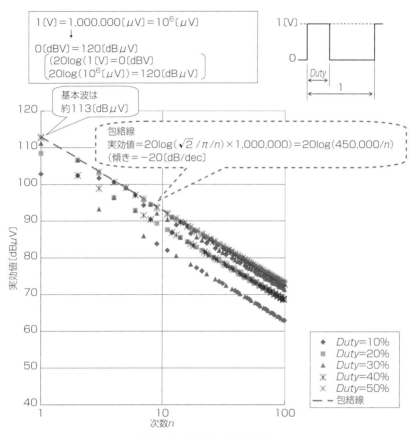

図11-8 矩形波の周波数特性

-20dB低下する直線になります．この直線の傾きは-20dB/decです．

基本波の実効値は113dBμVで，これから-20dB/decで低下する直線を引くと，デューティーを変化させた計算の最大値の包絡線になることがわかると思います．

11-4-2 台形波

図11-9は台形波の場合の実効値の周波数特性です．

矩形波の場合は次数がどれだけ増えても包絡線は-20dB/decで低下する直線でしたが，台形波はある次数から包絡線が-40dB/decで低下する直線に変わります．

切り替わるポイントはどこでしょう？

台形波の立ち上がり時間と立ち下がり時間が0になると矩形波になることから，

第11章　フーリエ級数展開

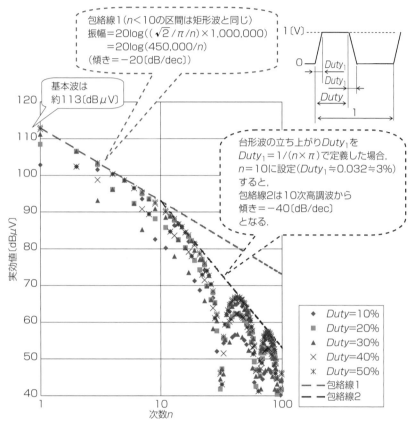

図11-9　台形波（立ち上がり $Duty_1 \fallingdotseq 3\%$ の周波数特性）

この立ち上がり時間と立ち下がり時間に秘密がありそうです．

周期 $T=1$ で立ち上がり時間を $Duty_1$ とした場合，切り替わる次数 n は，

$$切り替わる次数\ n = \frac{1}{Duty_1 \times \pi}$$

で求めることができます．

$Duty_1$ が 3.2%（$Duty_1 = 0.032$）ならば，

$$切り替わる次数\ n = \frac{1}{0.032 \times \pi} \fallingdotseq \frac{1}{0.1} = 10$$

となり，10次高調波成分から包絡線が -40dB/dec で低下する直線に変わります．

立ち上がり時間と立ち下がり時間が異なる場合は，小さいほうが支配的です．つまり，立ち下がりが3.2%で立ち下がりが5%の場合は，小さい方の3.2%

フーリエ級数展開(周波数特性の傾向)

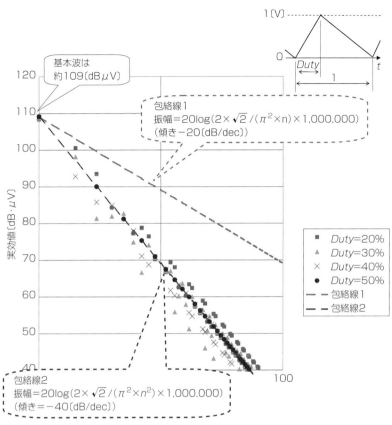

図11-10 三角波(20%≦Duty≦50%)の周波数特性

($Duty$=0.032)で決まる次数 n = 10 が切り替わり点です.

立ち下がりだけをさらに遅くして, 10%としても立ち上がりが3.2%のままであれば, 10次高調波から切り替わるということに変わりはありません.

また, 立ち上がりが3.2%のまま立ち下がりだけを1%と小さくすると, 小さいほうの1%が支配的になるので, 切り替わる次数 n = 1/(0.01× π) ≒ 32 となり, 32次高調波が切り替わりポイントとなってしまいます.

11-4-3 三角波

図11-10 は三角波の場合の実効値の周波数特性です.

$Duty$ = 0.5 の場合は, 基本波の実効値は109dBμVで, そこから−40dB/decで低下する直線が包絡線となります. しかし, $Duty$が小さくなり, 傾きが

195

第11章 フーリエ級数展開

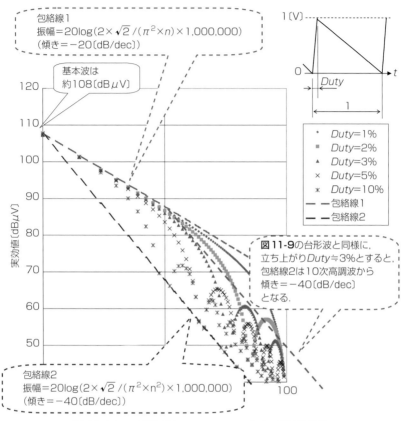

図11-11 三角波(1% ≦ Duty ≦ 10%)の周波数特性

急峻になると台形波と同様に矩形波に近づいていきます。$Duty > 30\%$ ではあまり目立ちませんが，20%よりも小さくなると−40dB/decで低下する直線よりも大きな実効値が目立ってきます。

図11-11は，$Duty ≦ 10\%$の三角波の実効値の周波数特性です。
同じ三角波なのに，−40dB/decで低下する直線を大きく超えて−20dB/decで低下する直線に近づきます。$Duty ≒ 3\%$で，台形波と同様に10次高調波から−40dB/decで低下する直線に切り替わります。

11-5 損失計算例

周波数特性が一定の抵抗ならば,実効値計算した電圧 V_{rms} や電流 I_{rms} から損失計算できます.しかし,周波数で変化する抵抗は実効値計算した電圧 V_{rms} や電流 I_{rms} から損失計算できません.

具体例を**表11-1** に示します.

計算に使用する波形 $I(t)$ は,ピーク値 $I_{peak}=2 [A_{peak}]$,$Duty=0.25$ とします.この波形の実効値 I_{rms} は,

実効値 $I_{rms} = I_{peak} \times \sqrt{Duty} = 2 \times \sqrt{0.25} = 1 [A_{rms}]$

なので,1[Ω]の抵抗 R に流した場合の損失 P は,

損失 $P = I_{rms}^2 \times R = 1^2 \times 1 = 1 [W]$

となります.つまり,抵抗値が周波数によらず一定の場合は,フーリエ級数展開した実効電流で損失 P_n を計算して累積すると 1[W]に収束するということです.

この収束のようすは**表11-1** で見ることができます.

表皮効果などで基本周波数(1 次)から抵抗値が周波数の 0.5 乗で上昇する場合は,**表11-1** によると単純な実効値計算で損失計算した値の約 1.4 倍に収束します.これを利用して,基本波成分近傍から抵抗値が上昇する特性を持つ出力トランスの銅損計算は「基本波の抵抗値」に「実効値計算した電流 I_{rms} の自乗」を掛けて損失計算した値の 1.4 倍すると概略計算できます.

出力トランスなどは,巻線の線径を大きくすることで断面積を 2 倍にして直流抵抗を 50%低減できても,基本周波数での抵抗値が変化しない場合があります.**表11-1** によると,せっかく直流抵抗を 50%に低減しても,単純な実効値計算で損失計算した値の約 1.3 倍に収束します.直流抵抗を 50%低減しても銅損は約 10%しか低減しません.逆に,線径を増した分出力トランスが巻き太って銅線が長く必要になって銅損が増加することがあります.銅損を低減したいならば,直流抵抗を下げるよりもスイッチングしている基本周波数での抵抗値を下げる対策を行ったほうが効果的ということです.

第 11 章　フーリエ級数展開

表 11-1　矩形波の損失計算

次数 n	の各周波数の実効値 (A_{rms})	周波数特性が一定の抵抗 抵抗値(Ω)	損失 P(W)	損失の累積 P(W)	基本波(1次)から, nの0.5乗で上昇する抵抗 抵抗値(Ω)	損失 P(W)	損失の累積 P(W)	左の抵抗の直流成分を50%低減した場合 抵抗値(Ω)	損失 P(W)	損失の累積 P(W)
直流	0.500		0.250	0.250	1.000	0.250	0.250	0.500	0.125	0.125
1	0.637	1.000	0.405	0.655	1.000	0.405	0.655	1.000	0.405	0.530
2	0.450	1.000	0.203	0.858	1.414	0.287	0.942	1.414	0.287	0.817
3	0.212	1.000	0.045	0.903	1.732	0.078	1.020	1.732	0.078	0.895
4	0.000	1.000	0.000	0.903	2.000	0.000	1.020	2.000	0.000	0.895
5	0.127	1.000	0.016	0.919	2.236	0.036	1.056	2.236	0.036	0.931
6	0.150	1.000	0.023	0.942	2.449	0.055	1.111	2.449	0.055	0.986
7	0.091	1.000	0.008	0.950	2.646	0.022	1.133	2.646	0.022	1.008
8	0.000	1.000	0.000	0.950	2.828	0.000	1.133	2.828	0.000	1.008
9	0.071	1.000	0.005	0.955	3.000	0.015	1.148	3.000	0.015	1.023
10	0.090	1.000	0.008	0.963	3.162	0.026	1.174	3.162	0.026	1.049
11	0.058	1.000	0.003	0.966	3.317	0.011	1.185	3.317	0.011	1.060
12	0.000	1.000	0.000	0.966	3.464	0.000	1.185	3.464	0.000	1.060
13	0.049	1.000	0.002	0.969	3.606	0.009	1.194	3.606	0.009	1.069
14	0.064	1.000	0.004	0.973	3.742	0.015	1.209	3.742	0.015	1.084
15	0.042	1.000	0.002	0.975	3.873	0.007	1.216	3.873	0.007	1.091
16	0.000	1.000	0.000	0.975	4.000	0.000	1.216	4.000	0.000	1.091
17	0.037	1.000	0.001	0.976	4.123	0.006	1.222	4.123	0.006	1.097
18	0.050	1.000	0.003	0.979	4.243	0.011	1.232	4.243	0.011	1.107
19	0.034	1.000	0.001	0.980	4.359	0.005	1.237	4.359	0.005	1.112
20	0.000	1.000	0.000	0.980	4.472	0.000	1.237	4.472	0.000	1.112
21	0.030	1.000	0.001	0.981	4.583	0.004	1.241	4.583	0.004	1.116
22	0.041	1.000	0.002	0.982	4.690	0.008	1.249	4.690	0.008	1.124
23	0.028	1.000	0.001	0.983	4.796	0.004	1.253	4.796	0.004	1.128
24	0.000	1.000	0.000	0.983	4.899	0.000	1.253	4.899	0.000	1.128
25	0.025	1.000	0.001	0.984	5.000	0.003	1.256	5.000	0.003	1.131
26	0.035	1.000	0.001	0.985	5.099	0.006	1.262	5.099	0.006	1.137
27	0.024	1.000	0.001	0.986	5.196	0.003	1.265	5.196	0.003	1.140
28	0.000	1.000	0.000	0.986	5.292	0.000	1.265	5.292	0.000	1.140
29	0.022	1.000	0.000	0.986	5.385	0.003	1.268	5.385	0.003	1.143
30	0.030	1.000	0.001	0.987	5.477	0.005	1.273	5.477	0.005	1.148
31	0.021	1.000	0.000	0.987	5.568	0.002	1.275	5.568	0.002	1.150
32	0.000	1.000	0.000	0.987	5.657	0.000	1.275	5.657	0.000	1.150
33	0.019	1.000	0.000	0.988	5.745	0.002	1.277	5.745	0.002	1.152
34	0.026	1.000	0.001	0.988	5.831	0.004	1.281	5.831	0.004	1.156
35	0.018	1.000	0.000	0.989	5.916	0.002	1.283	5.916	0.002	1.158
36	0.000	1.000	0.000	0.989	6.000	0.000	1.283	6.000	0.000	1.158
37	0.017	1.000	0.000	0.989	6.083	0.002	1.285	6.083	0.002	1.160
38	0.024	1.000	0.001	0.990	6.164	0.003	1.289	6.164	0.003	1.164
39	0.016	1.000	0.000	0.990	6.245	0.002	1.290	6.245	0.002	1.165
40	0.000	1.000	0.000	0.990	6.325	0.000	1.290	6.325	0.000	1.165
41	0.016	1.000	0.000	0.990	6.403	0.002	1.292	6.403	0.002	1.167
42	0.021	1.000	0.000	0.991	6.481	0.003	1.295	6.481	0.003	1.170
43	0.015	1.000	0.000	0.991	6.557	0.001	1.296	6.557	0.001	1.171
44	0.000	1.000	0.000	0.991	6.633	0.000	1.296	6.633	0.000	1.171
45	0.014	1.000	0.000	0.991	6.708	0.001	1.298	6.708	0.001	1.173
46	0.020	1.000	0.000	0.991	6.782	0.003	1.300	6.782	0.003	1.175
47	0.014	1.000	0.000	0.992	6.856	0.001	1.301	6.856	0.001	1.176
48	0.000	1.000	0.000	0.992	6.928	0.000	1.301	6.928	0.000	1.176
49	0.013	1.000	0.000	0.992	7.000	0.001	1.303	7.000	0.001	1.178
50	0.018	1.000	0.000	0.992	7.071	0.002	1.305	7.071	0.002	1.180
100	0.000	1.000	0.000	0.996	10.000	0.000	1.337	10.000	0.000	1.212
200	0.000	1.000	0.000	0.998	14.142	0.000	1.361	14.142	0.000	1.236
300	0.000	1.000	0.000	0.999	17.321	0.000	1.372	17.321	0.000	1.247
400	0.000	1.000	0.000	0.999	20.000	0.000	1.378	20.000	0.000	1.253
500	0.000	1.000	0.000	0.999	22.361	0.000	1.382	22.361	0.000	1.257
600	0.000	1.000	0.000	0.999	24.495	0.000	1.385	24.495	0.000	1.260
700	0.000	1.000	0.000	0.999	26.458	0.000	1.388	26.458	0.000	1.263
800	0.000	1.000	0.000	0.999	28.284	0.000	1.390	28.284	0.000	1.265
900	0.000	1.000	0.000	1.000	30.000	0.000	1.391	30.000	0.000	1.266
1000	0.000	1.000	0.000	1.000	31.623	0.000	1.393	31.623	0.000	1.268

11-6 計算式の例

　矩形波をフーリエ級数展開した式を**図11-12**に示します．

　デューティーを可変すれば，**図11-4～11-7**のノモグラムを作ることができます．

　台形波は，傾きが気にならない低次高調波までならば，矩形波に近似して計算しても近い値が得られます．

　三角波をフーリエ級数展開した式を**図11-13**に示します．この式は，傾きを自由に可変できたり流れない時間を設けたりできるので，のこぎり波なども，この

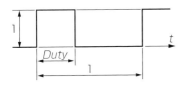

$$\text{cos成分}a_n = \frac{1}{n\pi}\sqrt{2(1-\cos(2\pi n \cdot Duty))}$$
$$\text{sin成分}b_n = 0$$
$$\text{ピーク値}=|a_n| \quad \left(\begin{array}{l}\text{ただし，}0<Duty<1\\ n=1, 2, 3, \cdots\cdots\end{array}\right)$$

図11-12　矩形波のフーリエ級数展開

$$\text{cos成分}a_n = \frac{A(\cos(2\pi nB)-1)-B(\cos(2\pi nA)-1)}{2(\pi n)^2 A(A-B)}$$
$$\text{sin成分}b_n = \frac{A\sin(2\pi nB)-B\sin(2\pi nA)}{2(\pi n)^2 A(A-B)}$$
$$\text{ピーク値}=\sqrt{a_n^2+b_n^2} \quad \left(\begin{array}{l}\text{ただし，}0<A<B\leq 1\\ n=1, 2, 3, \cdots\cdots\end{array}\right)$$

図11-13　三角波のフーリエ級数展開

第11章 フーリエ級数展開

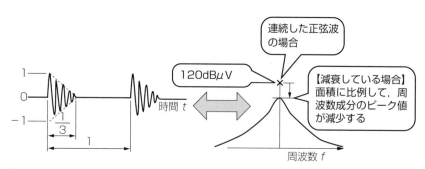

例）上図のように面積が1/6になっていれば，その振動周波数成分のピーク値は1/6になっている．つまり，その周波数が連続した場合よりも20log（1/6）＝－16dB低減する．1V→120dBμVで表示すれば，右の波形の振動成分のピーク値は104dBμVである．

図11-14　減衰振動している波形のフーリエ級数展開

式で近似計算することができます．

　減衰振動している波形をフーリエ級数展開した場合は，**図11-14**のように，その波形が続いた場合に対して減衰振動している面積分だけ小さな値になります．つまり，減衰振動している波形から雑音端子電圧や雑音電界強度が発生している場合は，減衰を早く収束させて面積を小さくすることでピークのレベルを小さくすることができます．

　単一周波数の場合は周波数特性としては1本の棒で表せますが，減衰振動すると**図11-14**のように単一周波数の前後に周波数成分を持つようになります．減衰を大きくしてピーク値を低減させるほど広く分布します．

　このように減衰振動の特性を理解することで，雑音端子電圧や電界強度の測定波形をみれば「ピークが鋭いから，発生源は振動があまり減衰せずに緩やかに収束している正弦波だ」とか「ピークが緩やかだから，発生源は振動を速やかに減衰させている正弦波だ」という，おおよその見当をつけることができます（もちろん例外もあります）．

第12章

表皮効果と近接効果

周波数を高くすると，表皮効果や近接効果によって銅損が増加します．なぜでしょう？　これは，電流の時間的な変化は磁束を回転方向に発生させ，磁束の時間的な変化は電流を回転方向に発生させるという振舞いが起因するからです．この振る舞いは重力にたとえることができませんし，直接見たり触れたりできないので理解しにくい現象といえます．本章でイメージ的に理解した後で，専門書で知識を深めたり，電磁界シミュレーションで詳しく解析されることを勧めます．

第 12 章 表皮効果と近接効果

渦電流

渦電流（うず電流：Eddy current）が理解できなければ，表皮効果や近接効果を理解できません．

導体に磁束 ϕ_1 が貫通していても，それだけでは何事も起きません．しかし，図12-1 のように導体に飛び込んだ磁束 ϕ_1 が変化しようとしたとき，それを妨げる方向に電流 i と磁束 ϕ_2 が発生する現象です．

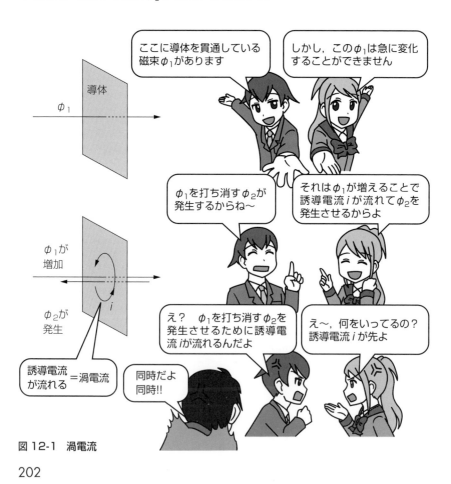

図 12-1　渦電流

12-2 表皮効果

　一定の電流が導体に流れている場合は，導体内部に均一な電流が流れ，磁束の変化もありません．しかし，導体に流れている電流を変化させた場合，導体の内側の電流 i_1 が変化すると導体内部の磁束 ϕ_1 も変化するので，それを打ち消す方向に渦電流 i_e と磁束 ϕ_2 が流れます．すると，導体内部の電流 i_1 は渦電流 i_e が打ち消す方向に流れて弱まり，導体外部の電流 i_2 は渦電流 i_e が強め合う方向に流れます（次ページ図12-2 参照）．

　この現象は，導体の表面に電流が流れているようにみえることから表皮効果と呼ばれています．この現象は，電流の変化するスピードが速く（周波数が高く），導体の透磁率や導電率が大きいほど強く現れます．式で表記すると図12-3 のようになります．

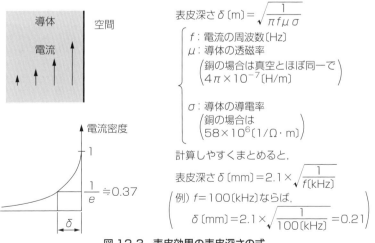

図12-3　表皮効果の表皮深さの式

第 12 章　表皮効果と近接効果

図 12-2　表皮効果のイメージ

12-3 近接効果

事前に説明を容易にするために，紙面に垂直に電流や磁束が流れている場合の表記方法を**図12-4**に示します．

表皮効果は自身に流れる電流によって発生した磁束によって渦電流が発生する現象ですが，**図12-5**のように他の巻線からの磁束が導体を横切ることで渦電流が発生する現象は近接効果といいます．この現象は，**図12-6**のようにコアのギャップ近傍で激しく発生します．他の巻線からの磁束が総がかりで，ギャップ近傍の巻線に飛び込んで渦電流を発生させます．コイルで近接効果を低減するには，磁界が一様に分布するようにギャップのあるコアの使用を避けたり，リッツ線を

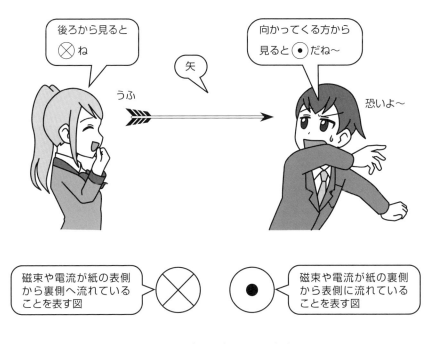

図 12-4　向きを表す記号の意味

第 12 章　表皮効果と近接効果

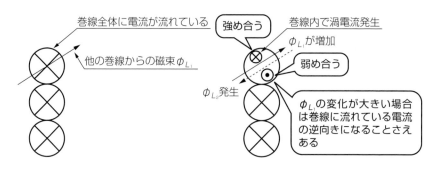

図12-5　近接効果のイメージ図

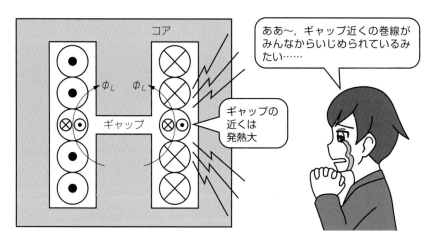

図12-6　コイルの近接効果の例

使用したりします.

　出力トランスで近接効果が発生していない場合は表皮効果と同じ抵抗変化を示しますが，図12-7 のように近接効果が発生している場合は表皮効果よりも低い帯域から抵抗値が増加します．近接効果を低減するには，コイルと同様に巻線の周囲に一様な磁界が分布するように巻線の位置を揃えたり，リッツ線を使用したりします．

　リッツ線は細い線の集まりなので，磁束 ϕ が飛び込む銅の面積が狭くなりループ内の磁束 ϕ が減り，発生電圧 $v = d\phi/dt$ が小さくなることで渦電流が低減すると考えることができます．ただし，リッツ線は単線よりも絶縁部分の占める割

近接効果

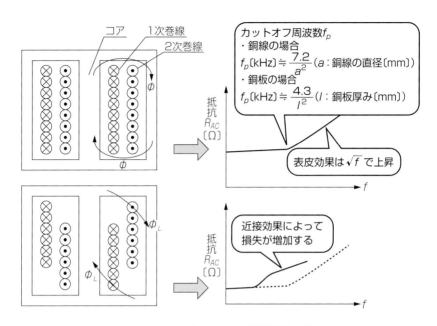

図 12-7 出力トランスの近接効果の例

合が大きいので同じ外形ならば直流抵抗値は高いのです．通常の出力トランスは渦電流による近接効果の影響が小さいので，リッツ線を使用するメリットが，リッツ線を使用したことによる直流抵抗の増加というデメリットで打ち消されて効果がわかりにくい場合が多いです．

また，出力トランスに電流を流していないダミーの巻線を巻いただけでも，その巻線に磁束が飛び込んで渦電流による近接効果が発生し，出力トランスとして発熱してしまうので注意してください．

内側に巻いた巻線と，外側に巻いた巻線を外部で並列接続しても，内側と外側に発生する電圧は微妙に異なるので，その差分だけ巻線間に加わって渦電流が流れて損失を増加させてしまいます．並列に巻く場合には，なるべく同じ条件で巻くようにします．まして，内側の巻線が 20 ターンで外側の巻線が 21 ターンという間違いをしてしまった場合は，明らかに発生電圧が異なるので，その差分だけ巻線間に加わって渦電流が大きく流れて損失してしまいます．ただし，1 ターンの間違いはスイッチング周波数である 100kHz ならばインダクタンスの差として測定できますが，1kHz で測定する LCR メーターでは差を検出できないことがあります．できるだけスイッチング周波数に近い周波数で出荷検査や受け入れ検査をするようにしてください．

第 12 章　表皮効果と近接効果

1 年後？

第13章

力率改善回路

今や交流入力の電源は，全世界で「75W以上は力率改善回路を搭載している」といっても過言ではない一般的な回路になりました．それほど不可欠な回路になった力率改善回路の解説をしなくては，スイッチング電源設計の本とは言えない状態になったので追加することにしました．ただし，あくまでも本書は基礎技術をわかりやすく説明するために，「力率改善回路の基本動作の入門書」として記述しますので，書いてあることをすべて理解してから，各社から発表されている力率改善回路専用の制御ICのカタログやマニュアルを読んで，自分たちの用途に合った制御ICを選定し，マニュアルに従って配線や定数設定の注意事項にそって使用してください．ここまでLCA75Sを用いて説明してきた内容は，「入力を正弦波電流」，「入力電解コンデンサーから出力トランスまでを入力電圧約390V（直流）」に定数変更して，引き続き活用してください．

第13章 力率改善回路

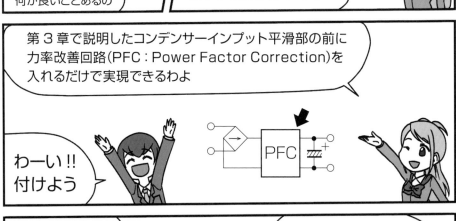

13-1 力率改善回路の特徴

　力率改善回路がない場合の構成は，**第 3-1 章 入力電流計算** の 45 ページ図 3-1 に示すように，入力整流後にコンデンサーC_{15}で直接平滑する「コンデンサーインプット型」です．力率改善回路がないので簡素ですが，46 ページの**図 3-2** のように入力電流波形が尖った形状になっています．

　これを入力電圧と同じ正弦波に近づける回路を，「力率改善回路(PFC：Power Factor Correction)」と呼称します．この回路は，「非絶縁型のスイッチング電源」で構成するので，動作も構造も複雑で電源全体の部品点数も増加してしまいますが，後述するように追加して余りある長所があるので，全世界で採用されています．

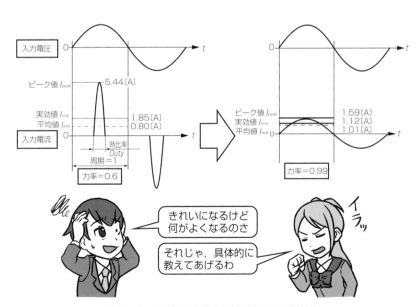

図 13-1　75W 出力時の力率改善回路の効果

第13章 力率改善回路

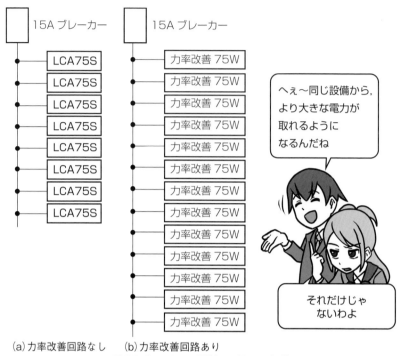

(a) 力率改善回路なし　(b) 力率改善回路あり
図 13-2　15A の配線から取れる台数

13-1-1　入力実効電流の低減

「コンデンサーインプット型」は力率改善回路がないため簡素でしたが，**図 3-2** に記載したように，入力電流波形が入力電圧と比較して大きく尖った形状のため，入力電流の実効値は，力率が 0.6 ならば入力電力 = 94.5W，入力電圧 = 85V では 1.85A でした（45 ページ参照）．

44 ページに記載したように力率改善回路付き電源ならば約 0.99 にできるので，同じ入力電圧 = 85V でも，

$$入力電流最大時の実効値\ I_{rms\,max}$$
$$= 入力電力\ P_i〔W〕/ 最小入力電圧\ V_{i\,min}〔V〕/ 力率$$
$$= \frac{94.5〔W〕/85〔V〕}{0.99} = 1.12〔A〕$$

と 0.6 倍小さな入力電流になり，**図 13-1** のような電流波形が得られます．

具体例をあげて説明すれば，15〔A〕のブレーカーが付いたコンセントから取ると，「コンデンサーインプット型」ならば，

力率改善回路の特徴

　　台数＝15〔A〕/1.85〔A/台〕＝8.1＞8〔台〕

と8台接続できますが，力率改善回路を付けると，

　　台数＝15〔A〕/1.12〔A/台〕＝13.4＞13〔台〕

と13台も接続することができるようになり，同じコンセントから，より大きな電力を得られるようになります（図13-2）．

　ただし，力率改善して実効電流を低減しても電力量は変わりません．家庭用積算電力計で実際に比較してみましたが，実効電流が小さくなっても電力だけを正確に読み取り，1か月経過しても電力計の表示に差はありませんでした．

13-1-2　電力系統が楽になる

　力率が良くなれば，同じ電力を送電しても送電線に流れる実効電流が減るので，送電設備の損失が減り楽になります．言い方を変えると，送電設備が現状のままでも，より大きな電力を送電できるようになり，電力需要が大きくなっても設備を変えずにすむ場合があります．特に送電経路を地下に埋設している場合は電線を増やすことが大変なので助かります．

　さらに，送電設備の中には力率を良くするために進相コンデンサーを入れていますが，力率が良くなれば進相コンデンサーに流れる電流を減らすことができるので損失が低減し，発火の危険性を低減できるという効果もありますし，変電所のトランスに流れる実効電流が減るのでトランスの損失が減るという効果も得られます．

13-1-3　他の機器への悪影響低減

　コンデンサーインプットの機器が接続されていると，図13-3のように入力電圧のピーク近傍で電圧降下するので，正弦波の頂上部が削れて台形波のような波形に変わります．入力電圧がきれいな正弦波であることを前提にして作られた機器に台形波のような入力電圧が入力されると動作に異常が生じます．

(1) 交流モーターがスムーズに回転しなくなる

　正弦波入力することで一定のトルクが得られるように設計されているので，台形波が入ってくると異常回転や振動が発生し，回転効率が低下したり劣化を促進したりします．

(2) 入力トランス（50/60Hz用）から異音が出る

第13章 力率改善回路

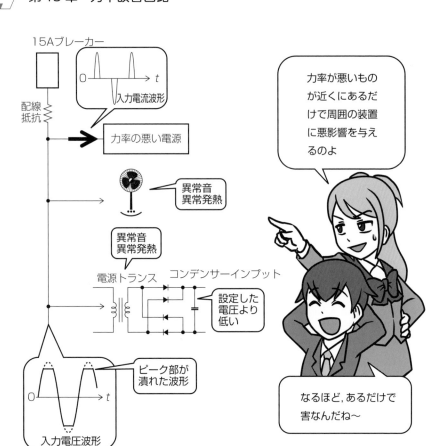

図13-3 力率の悪い電源近くの装置への悪影響

　正弦波が入ってくればその周波数成分だけがトランスの振動となります．商用周波の50〜60Hzは，たとえ振動していても非常に低い音なので聞こえにくいのですが，台形波では他の高調波成分も含まれるため，耳に聞こえる高い周波数での振動をしてしまいます．

(3) コンデンサーインプットの機器の電圧が低下

　コンデンサーインプットは，その動作原理上，入力電圧波形の頂上部分の電圧を整流平滑するので，その頂上部分が低下した電圧が入力されると整流平滑した直流電圧は低下して，機器に本来期待していた電圧が供給されなくなり正常動作しなくなります．

　力率改善された機器は，これらが発生するのを防止することができます．

13-2 力率改善の方法

　力率を良くする方法は1つではありません．いずれの方法にも長所短所があり，その中でスイッチング電源の長所が伸ばせて，短所を目立たなくできた方法が現在使用されているのです．
　力率を改善する方法を大別すると，「パッシブフィルター」と「アクティブフィルター」に分けることができます．

13-2-1　パッシブフィルター

　パッシブ素子(Passive element，受動素子)だけでコンデンサーインプットに流れる電流の高調波成分を低減させることで力率を改善するフィルターをパッシブフィルターといいます(図 13-4(a)と(b))．
　また，ここに使用するコイルは任意の周波数以上の電流を阻止(チョーク；choke)する目的の素子なので「チョークコイル」と呼称します．
　コンデンサーインプットが発明されたころから，電源投入時に大きな電圧変化が入力平滑コンデンサーに加わって大きな電流が流れてしまうのを抑制するために，入力整流素子や入力平滑コンデンサーに直列にチョークコイルを入れた「チョークインプット方式」が使用されていました．
　パッシブフィルターは構成が簡単で，かつ堅牢ですが，スイッチング電源の力率改善に用いるには次の致命的な短所があります．

(1) 重い
　入力電流で飽和しない，かつ，50/60Hzでも電流制限できるだけの大きなインダクタンス値が必要なので，ケイ素鋼板などを使用した，本体のスイッチング電源よりも重いチョークコイルが必要となる．

(2) 入力電流幅が小さい
　図 13-4(c)〜(h)に示すように，定格出力のときは力率≒0.7〜0.85にできても，出力電力が小さくなり入力電流が小さくなると相対的にチョークコイルの効

第13章　力率改善回路

図 13-4　パッシブフィルターの具体例(1)

(a) パッシブフィルターの具体例
(b) 入力電圧100V/200Vの切り換え回路例
(c) パッシブフィルターの入力波形例（力率=0.78）(AC100V, 50Hz, 入力電力57W時)
(d) 左の電流波形の高調波成分
(e) パッシブフィルターの入力波形例（力率=0.84）(AC100V, 50Hz, 入力電力160W時)
(f) 左の電流波形の高調波成分

果が薄れて力率はコンデンサーインプットと大差なくなってしまう．出力電力が大きくなり入力電流が大きくなるとチョークコイルの銅損 $(P=I^2R)$ が大きくなるので，設定よりも大きな電力は得にくい．

(3) 入力電圧幅が小さい

図 13-4(i)に示すように，電流の値が増えると平滑後の電圧が低下してしまう．この電圧低下と保持時間を考慮すると入力平滑コンデンサーはコンデンサーインプットよりも大きな容量が必要になる．しかも，無負荷時にはコンデンサーインプットと同じ電圧が印加する．つまり，耐圧が同じままで容量が増えるため，平滑コンデンサーの外形が大きくなってしまう．また，100V～200V 入力としたい場合には図 13-4(b)のように切り換え回路を設けなくてはいけないので，使用する側が注意しなくてはいけない．

(4) 力率＝0.9 以上にできない

たとえ定格出力時でも，パッシブフィルターで力率＝0.9 以上を得ようとする

力率改善の方法

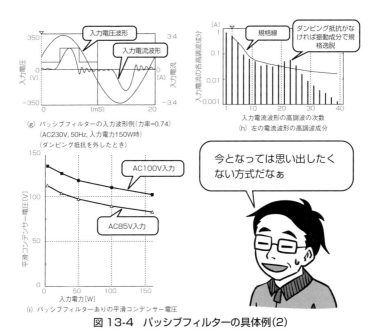

図 13-4　パッシブフィルターの具体例(2)

と，スイッチング電源本体以上に大きく重い高価なチョークコイルが必要になる．

(5) 電源オフ時に電流がすぐにゼロにならない

コイルに流れる電流は原理的にすぐにゼロにならないことが災いして，コイルと直列に電源スイッチを入れると，電源スイッチをオフにしてもコイルの電流が流れ続けようと動作するので，電源スイッチに過大な電圧が印加されて火花が飛んでスイッチの接点が破損する心配がある．スイッチに「コンデンサーと抵抗の直列回路(スナバー回路)」を並列接続するとか，スイッチとコイルの間にコイルの電流を流せるコンデンサーを設置するなどしてこれを低減する必要がある．

(6) ダンピング抵抗が必要

図 13-4(a)のようにコイルに抵抗を並列接続しないと，コイルと前後のコンデンサーとで図 13-4(g)のように入力電流が共振して，その振動成分の高調波で図 13-4(h)のように規格に入らなくなる．

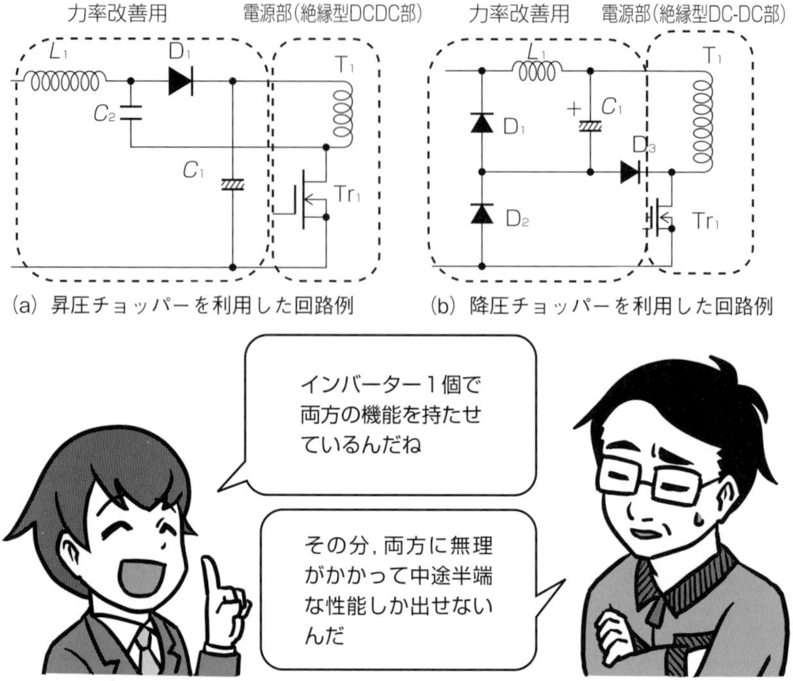

第13章 力率改善回路

(a) 昇圧チョッパーを利用した回路例 **(b) 降圧チョッパーを利用した回路例**

> インバーター1個で両方の機能を持たせているんだね

> その分，両方に無理がかかって中途半端な性能しか出せないんだ

図13-5　1石方式(ディザー回路)の例

(7) 設計が難しい

　今となっては，低周波用チョークコイル用のケイ素鋼板の入手が難しく，かつ，インダクタンス値や電流による飽和計算も難しいので設計しにくい(どうしても計算したい場合は，現在ならばシミュレーションを使用することを推奨する)．また，「このチョークコイルは1次側回路なので安全基準も考慮」，「外来ノイズ印加時でも各部が放電しないように考慮」，「インダクタンス値が大きいので漏洩磁束も大きいため，周囲に悪影響を与えないように考慮」する必要がある．

　アクティブフィルターが現れる前は，力率を良くするためにやむなく使用されたこともありましたが，今となっては重くて大きく高額になるだけなので，軽量小型を目的とするスイッチング電源には相応しくない方式となってしまい，今後もスイッチング電源に使用されることはないと考えられる方式です．

13-2-2　アクティブフィルター

　小さなパッシブ素子(コイル)をアクティブ素子(Active element，能動素子)で

力率改善の方法

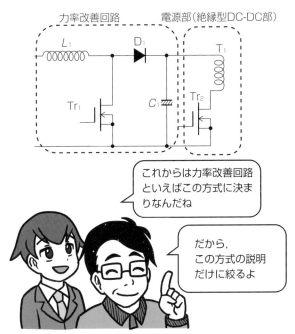

図 13-6 2石方式(力率改善と電源部が独立)の例

スイッチング動作をさせることで小型化した方式をアクティブフィルターといいます．また，力率改善回路のほとんどがこの方式なので，力率改善回路のことを「アクティブフィルター(略して，AF)」といったり「アクティブ回路」といったりする場合があります．

スイッチング素子を使用するので構成は自由自在，いろいろな方式が考えられます．これを大きく分けると，

(1) 1石方式(ディザー方式)

DC-DC部のインバーターを使って力率動作もさせる巧妙な回路です．一見，インバーターの数が1個なので安価にできそうな気がしますが，力率改善回路部とDC-DC部が合成で動作するため各部波形が複雑で，正常な波形とはどんな形状なのかわからなくなったり，動作が複雑であるために，入力電圧AC85〜264Vの範囲で出力も無負荷から定格・過電流領域までの動作を正常にしたり，保護回路や安全設計を考えていくと，どんどん深みにはまっていく回路なので設計が難しい回路です(図 13-5)．

第13章　力率改善回路

　しかも，安定化電源を作るには一定の出力電圧で，かつ，出力リップルの低周波成分を小さくすることが最優先なので，力率改善を最優先に動作させることができないため，力率は2石方式よりも良くできません．もし，力率改善を優先させると出力が安定でなくなったり，出力リップルの低周波成分が大きくなったりします．それでもよいという負荷専用には実用になりますが，汎用安定化電源の出力特性は得られません．
　とりあえず1つのインバーターで，力率をコンデンサーインプットよりも良くできるので，正常に動作させるための開発・調整に能力と期間をかけることができるか，各欠点が許容できる負荷などに使用することもあります．

(2) 2石方式
　これが，今後の主流となる方式です．
　力率改善回路専用のインバーターと，絶縁型電源部専用のインバーターという2個のインバーターで構成しているので2石方式(**図13-6**)と呼称しますが，通常「力率改善回路」といえばこれを指すので，わざわざ2石方式ということはありません．
　制御系は完全に分かれているので，動作がシンプルです．また，専用ICの種類も多くのメーカーから多くの種類が出回り選択の幅も増えます．
　以後は，この2石方式を中心に説明していきます．

チョッパー回路の選定

13-3 チョッパー回路の選定

1次と2次の絶縁はDCDC電源部で行ってくれるので,アクティブフィルター部は絶縁する必要がなく,チョッパー回路で充分です.

チョッパー回路には原理的に3通りの方式があるので,どれが最適なのかを検証してみましょう.

13-3-1 降圧チョッパー

出力電圧 $V_o = Duty \times$ 入力電圧 V_i (ただし,$0 \leq Duty \leq 1$)

(または,$Duty = V_o / V_i$)

で求まるように,電圧を下げることしかできない方式です.

これで力率改善回路を構成すると,入力電圧を下げることしかできないため,

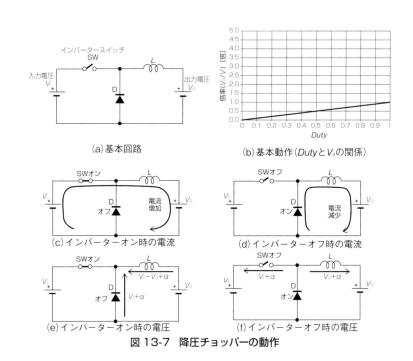

図13-7 降圧チョッパーの動作

第13章 力率改善回路

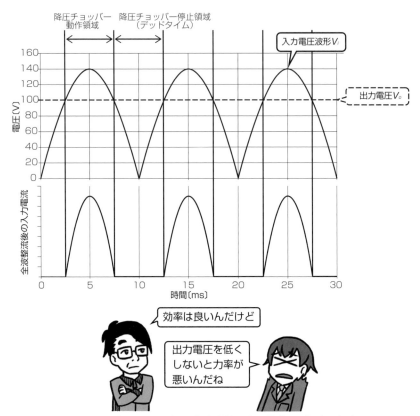

図13-8 降圧チョッパーで力率改善回路を構成した場合の欠点
（$V_i < V_o$ 領域は停止してしまう）

出力電圧 V_o よりも低い入力電圧 V_i の期間は動作できず，原理的にデッドタイムが増えて，力率がある値以上には良くできないという致命的な欠点があります（図13-8）．

インバーター動作を見ると，
(1) オン電流は入力電流をそのまま出力電流にできる期間があるので効率が良い（図13-7(c)）．
(2) オフ電圧は「入力電圧 V_i ＋振動成分 α」が印加するだけなので低耐圧品が使用可能となり，インバーターのMOS-FETはオン抵抗 R_{on} の小さなものが使用可能（図13-7(f)）．
(3) (1)と(2)からオン損失が小さくできる．
(4) 整流ダイオードへの逆電圧はインバーターと同様に「入力電圧＋振動成分（V_i ＋

α)」だけ印加してくるので比較的低圧品から選択できる(図 13-7 (e))．
(5) 出力電圧は反転しないので使いやすい．
(6) 電源投入時の突入電流はスイッチング動作で制御できる(突入電流防止回路が不要)．

となり，損失は低くできるのですが，力率が最も悪い方式なので，汎用的な力率改善回路として使うことは難しいと判断します(出力電圧が低くてもよい場合には使用できるので，用途を限れば使用可能)．

13-3-2　昇降圧チョッパー

出力電圧 $V_o = \dfrac{Duty}{1-Duty} \times$ 入力電圧 V_i (ただし，$0 \leq Duty < 1$)

$$（または，Duty = \dfrac{V_o}{V_o + V_i}）$$

で求まるように，どのような入力電圧でも出力電圧を任意に設定できるという最大の長所がある．また，電源投入時の突入電流はスイッチング動作で制御できるという長所もある．

しかし，インバーター動作を見ると，

(1) オン電流は入力電流をすべてコイルに蓄え，コイルからの放出だけから出力電流を取り出す動作のため効率が悪い(図 13-9 (c)，(d))．しかし，入力電流をそのまま出力電流にしないので電源オン時の突入電流を自由に制御できる．
(2) オフ電圧は「入力電圧+出力電圧+振動成分($V_i + V_o + \alpha$)」が印加するので，他の方式に比べて高耐圧品が必要になりインバーターの MOS-FET のオン抵抗 R_{on} が大きくなってしまう(図 13-9 (f))．
(3) (1)と(2)からオン損失が大きくなる．
(4) 整流ダイオードへの電圧も「入力電圧+出力電圧+振動成分($V_i + V_o + \alpha$)」が印加するので，降圧チョッパーや昇圧チョッパーよりも高耐圧品にする必要があるので V_f が低くてリカバリ電流の小さいものを探すがの大変(図 13-9 (e))．
(5) 出力電圧が反転してしまうので，電源部との相性が悪い．
(6) 電源投入時の突入電流はスイッチング動作で制御できる(突入電流防止回路が不要)．

となり，損失が最も大きくなるので部品や放熱器も大きくなるため，外形も大きくなって高額になるので，何か特別な技術革新がない限り使うことはないと思います．

第 13 章　力率改善回路

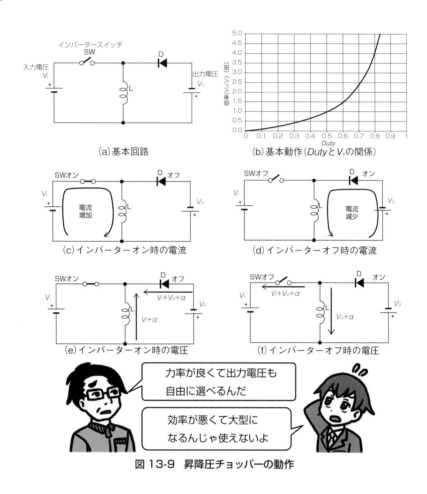

(a) 基本回路

(b) 基本動作（$Duty$とV_oの関係）

(c) インバーターオン時の電流

(d) インバーターオフ時の電流

(e) インバーターオン時の電圧

(f) インバーターオフ時の電圧

図 13-9　昇降圧チョッパーの動作

3-3-3　昇圧チョッパー

$$出力電圧\ V_o = \frac{1}{1-Duty} \times 入力電圧\ V_i\ (ただし,\ 0 \leq Duty < 1)$$

$$(または,\ Duty = \frac{V_o - V_i}{V_o})$$

で求まるように，電圧を上げることしかできない方式です．

　インバーター動作を見ると，

(1) 図 13-10(d) のように入力電流をそのまま出力電流にできる期間があるので効率が良い．しかし，電源オン時は入力電流をそのまま出力電流に流すため突入電流を制御できない（入力側に突入電流防止回路を設置する）．

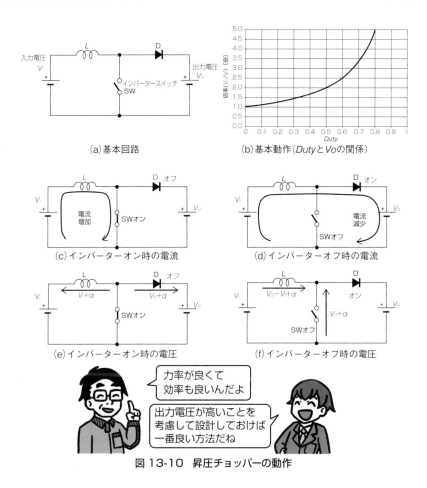

図 13-10 昇圧チョッパーの動作

(2) オフ電圧は「出力電圧＋振動成分($V_o + \alpha$)」が印加するだけなので低耐圧品が使用可能となり，インバーターの MOS-FET はオン抵抗 R_{on} の小さな物が使用可能（図 13-10(f)）．
(3) (1) と (2) からオン損失が小さくできる．
(4) 整流ダイオードへの電圧は，インバーターと同様に「出力電圧＋振動成分($V_o + \alpha$)」だけ印加してくるので，比較的低圧品から選択できる（図 13-10(e)）．
(5) 出力電圧は反転しないので使いやすい．

第13章 力率改善回路

「13-3 チョッパー回路の選定」をまとめると，力率改善回路用として考えると「降圧チョッパーは力率が悪い」，「昇降圧チョッパーは効率が悪く高額で大型になる」ので，消去法で「最適な方式は昇圧チョッパー」となります．実際，製品には，ほとんどがこの方式を元としたものが採用されています．

13-4 力率改善回路の基本動作

　力率改善回路が入力電流 I_{in} を正弦波に制御した場合の，力率改善回路前後の波形がどうなるかを図 13-11 を使って説明します．

13-4-1　力率改善回路入力波形

　電源の入力波形は正弦波ですが，力率改善回路はマイナス電圧まで動作させることは困難です（可能な方式もありますが，入力整流器後のほうが何かと安全です）．そのため，入力整流器（全波整流）を通過後に力率改善回路へ入力するので，電圧・電流波形は「正弦波の絶対値」になります．

　つまり，力率改善回路への入力電圧・電流波形は正弦波ではなく，全波整流波形が入力されることになることに注意してください．

　昇圧チョッパーで力率改善回路を構成すると，入力電圧 V_{in} を昇圧することしかできないため，昇圧電圧（以後，本書では「電源装置の出力電圧」との用語の混同を避けるため力率改善回路の出力を昇圧電圧と呼称）V_{out} は力率改善動作させたい入力電圧 V_{in} のピーク値よりも高く設定する必要があります．

　ここでは，具体的な動作説明を簡単にするために「力率改善部分の損失=0（効率 $\eta=1$）」，「力率=1」，「スイッチング周期のリップル成分を無視して低周波成分だけを考える」と仮定します．

　図 13-11 で特に注目しなければならないのは，力率改善回路単体では電力をどこかに蓄えたり補充されたりはしないので，力率改善前後の「電力の瞬時値」は等しくなるということです（つまり，入力電力 P_{in} =出力電力 P_{out}）．

　入力電力 P_{in} は，入力電圧 V_{in} と入力電流 I_{in} の積（$P_{in}=V_{in}\times I_{in}$）です．入力する V_{in} と I_{in} は正弦波（sin 波）の絶対値ですが，位相が 0～180deg の区間だけを見れば正弦波と同等に考えることができるので，図 13-11 に示す入力電力波形になります．数式としては（$\omega=2\pi f$），

$$P_{in} = V_{in\,peak} \times \sin(\omega t) \times I_{in\,peak} \times \sin(\omega t)$$
$$= V_{in\,peak} \times I_{in\,peak} \times \sin^2(\omega t)$$
$$= V_{in\,peak} \times I_{in\,peak} \times \frac{1-\cos(2\omega t)}{2}$$

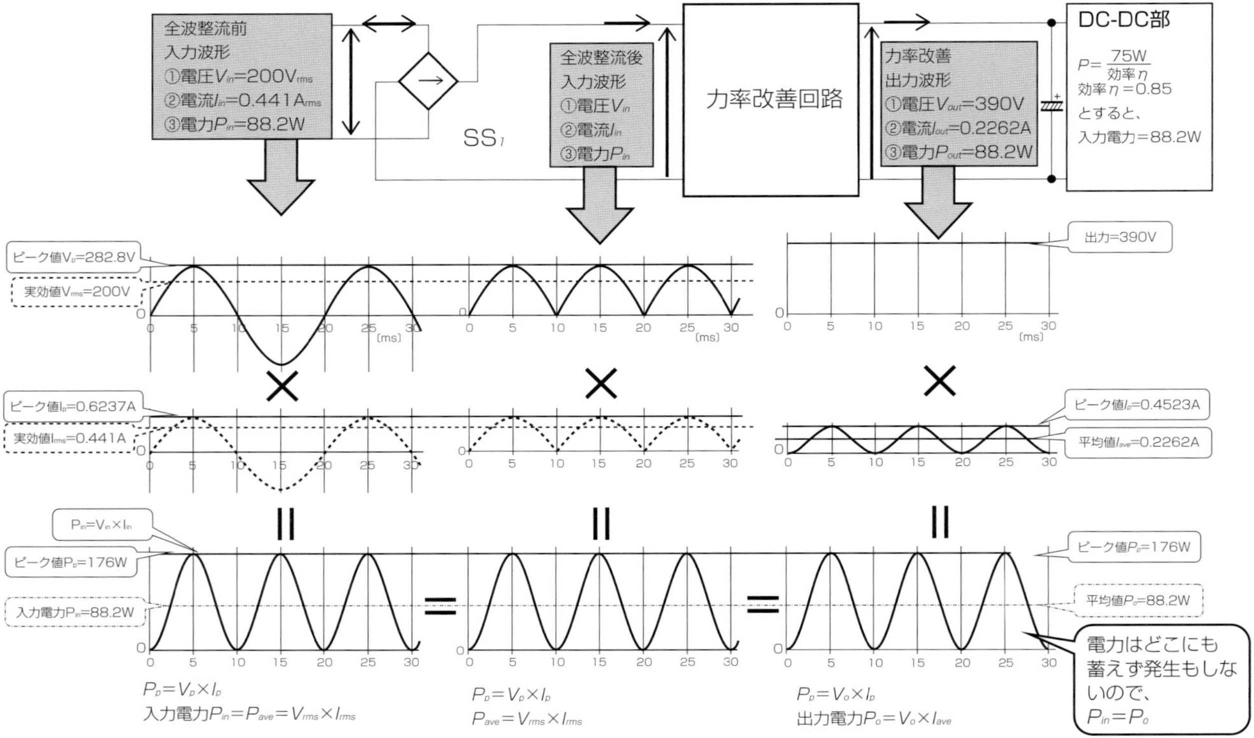

第13章 力率改善回路

図13-11 力率改善回路の各部波形（説明の簡単化のため，周波数＝50Hz，力率＝1，効率＝1，低周波成分＝高周波成分の平均値）

力率改善回路の基本動作

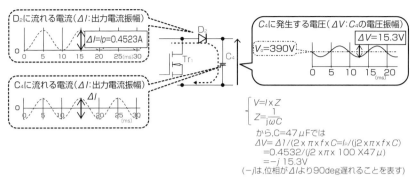

図13-12　平滑コンデンサーC_4に発生する電圧

となり難解ですが，波形で表すと**図 13-11** のとおり，

1. 電力の周波数は，電圧と電流の 2 倍（電力が2ωで，電圧と電流がω）
2. 電力のピーク値は，電圧と電流のピーク値の掛け算
3. 電力の平均値は，電力のピーク値の半分（平均値）

となります．

3-4-2　力率改善回路出力波形

これも**図 13-11** を見てわかるとおりの波形になります．

昇圧電圧 V_{out} は，力率改善回路と DC-DC 部の間にあるコンデンサーの平滑動作によって，ほぼ一定値（直流）になるので，

1. 昇圧電圧 V_{out} は，力率改善回路で設定したほぼ直流に制御される．
2. 出力電流 I_{out} は，出力電力 P_{out} を昇圧電圧 V_{out} で割った波形になる．

　式で表すと　$I_{out} = \dfrac{P_{out}}{V_{out}}$　となり，V_{out} を一定値とすれば，I_{out} は P_{out}

と相似形になる（入力の周波数の 2 倍）．

3. 電流の平均値は，電流のピーク値の半分（平均値）

となります．

ここでは簡単に説明するために V_{out} を直流としましたが，正確には**第 13-6 章**で説明するように，**図 13-12** に示す低周波リプル電圧 $\varDelta V$ が発生して**図 13-20** の入力電流波形歪みを発生させてしまうため，制御 IC 内部で $\varDelta V$ を低減させてほぼ一定値（直流）にしています．

第 13 章　力率改善回路

13-5　入力電流波形と昇圧電圧の同時制御

　使用するチョッパーは**第 13-3 章**から昇圧チョッパーと決まりましたが，1 つのインバーターをどのように制御すれば，「入力電流 V_{in} を正弦波にする」，「出力電圧 V_{out} を一定にする」の 2 つが同時に制御できるのでしょうか？

　その動作をできるだけわかりやすく理解するために，富士電機株式会社の協力により，FA5613N という IC の Datasheet を基に周辺回路や定数を**図 13-13**

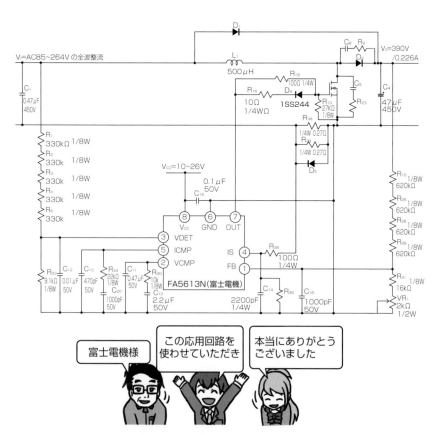

図 13-13　富士電機 FA5613N Datasheet(29 ページ)を 75W 用に変更した例

入力電流波形と昇圧電圧の同時制御

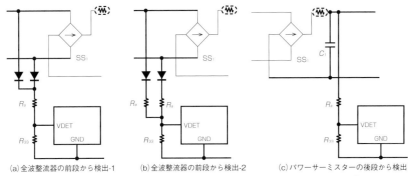

(a) 全波整流器の前段から検出-1　　(b) 全波整流器の前段から検出-2　　(c) パワーサーミスターの後段から検出

図 13-14　入力電圧 V_{in} の検出方法 ($R_a = R_1 + R_2 + R_3 + R_4 + R_5$)

に示すように，出力電力 75W の力率改善回路として具体的に説明していきます（注意：部品番号は見やすくするために Datasheet の応用回路から 200 を引いた値にしてあります）．

13-5-1　入力電流を正弦波にする

(1) 入力電圧波形 V_{in} 検出（3 番ピン：VDET 端子）

入力電圧波形 V_{in} と相似形の入力電流 I_{in} に制御するには，基準となる入力電圧波形 V_{in} を検出しなくてはなりません．V_{in} を抵抗で分圧して，力率改善 IC の VDET 端子に入力します．

どこから入力電圧 V_{in} を検出するかで方式も特徴も異なります（図 13-14）．

図 13-14(a) は，入力整流器やパワーサーミスターに入る前の電圧をダイオードで整流してから抵抗分圧で検出する方法なので，一番歪みの少ない入力電圧波形 V_{in} が得られますが，外部から雷サージ電圧（数 kV）が印加された場合でも壊れないダイオードを探すのが大変ですし，面実装部品では沿面距離を得るのも難しそうです．図 13-14(b) のようにダイオードごとに抵抗を付けると雷サージ時の衝撃は減らせますが，抵抗の本数が増えてしまうのが欠点です．

図 13-14(c) は，入力整流器とパワーサーミスターを通過した後の入力コンデンサーから抵抗分圧で検出する方式で，雷サージ電圧が軽減される一番安全な方法です．ただし，入力電圧波形 V_{in} の精度が若干落ちてしまいます．今回は多少波形が正確でなくても，電源装置として信頼性が高く，かつ，安価なこの方式を採用することにします．

第 13 章　力率改善回路

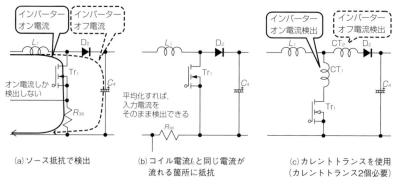

(a) ソース抵抗で検出　　(b) コイル電流 I_L と同じ電流が　　(c) カレントトランスを使用
　　　　　　　　　　　　　　 流れる箇所に抵抗　　　　　　　 (カレントトランス2個必要)

図 13-15　入力電流 I_{in} の検出方法

(2) 入力電流検出回路 (4 番ピン：IS 端子)

　入力電流 I_{in} を検出するのに最適な箇所は，昇圧用コイルに流れる電流です．ここに直接入力電流が流れているからです．

　しかし，コイルは高圧部分に付いているので，そこへ抵抗を付けての検出は難しいため，図 13-15(b) のようにコイル電流と同じ電流が流れる GND 側に抵抗を付けて，その発生電圧から入力電流 I_{in} を検出します．

　この抵抗の損失を減らそうとして，図 13-15(a) のようにインバーター電流だけを検出する抵抗からの検出ですまそうとすると，インバーターオフ時の電流波形が欠落して，正確な入力電流が得られないので NG です．実際にこれを行うと，入力電圧の低圧時は $Duty$ が大きく，高圧時は $Duty$ が小さいので，これを正弦波にしようと制御をかけると，低圧時は大きめに検出しているので小さく，高圧時は小さめに検出しているので大きくしようと動作するので，入力電流波形が正弦波ではなく中央部分が尖った三角波状の波形になってしまい，力率が悪くなるので使用しません(ただし，これを補正して図 13-15(a) でも入力電流を再現する回路を内蔵している制御 IC もあります)．

　さらに大きな電力(約 1kW 以上)になると，抵抗では損失が大きくなり過ぎ，力率改善 IC へ供給する電圧にするには数十 W の抵抗器が必要になり現実的ではなくなるので，図 13-15(c) のようにカレントトランスを 2 個用いた方法を用いることになります．カレントトランスは，オフ期間にリセット電圧を発生させてリセット(オン時間の検出電圧とオン時間の積＝オフ時間のリセット電圧とオフ時間の積)をかけないとカレントトランスが飽和して，正確な値を出力できなくなるので，$Duty$ が 1 に近い場合でも入力電流 I_{in} を正確に検出したい場合は，リ

入力電流波形と昇圧電圧の同時制御

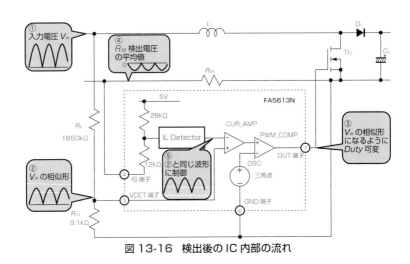

図 13-16 検出後の IC 内部の流れ

セット電圧が大きくなるように設定してください（$Duty=1$ ではリセットがかからなくなって飽和しますが，$Duty=1$ は昇圧チョッパーが動作停止しています）．

図 13-16 に示すように，この制御 IC はインバーター MOS-FET のソースをGND として動作しているため，入力電流波形 I_{in} を検出する抵抗からの電圧波形はマイナスになります．制御 IC はマイナス電源がないのでマイナス電圧は入力できません．その解決として，制御 IC 内部で 5V の電圧で抵抗分圧してから，IL Detector で反転増幅させて CUR_AMP の−端子に入力し，CUR_AMP の＋側に入力電圧波形 V_{in} の相似形電圧波形を入力して入力電流 I_{in} を制御します．

13-5-2 昇圧電圧 V_{out} を制御する

(1) 出力電圧制御（1 番ピン：FB 端子）

図 13-16 のように入力電流波形 I_{in} を入力電圧波形 V_{in} と相似形になるように制御をかけただけでは入力電流波形 I_{in} を正弦波にする動作しかせず，昇圧電圧 V_{out} は制御できません．

図 13-17 のように，昇圧電圧 V_{out} を制御するために V_{out} を分圧して FB 端子にある ERR_AMP の−側に接続し，ERR_AMP の＋側に接続した基準電圧（$V_{ref}=2.5V$）と等しくなるように ERR_AMP 出力電圧 V_{err} を出力します．通常の制御 IC ならばこの V_{err} を直接，のこぎり波とともにコンパレーターへ入力してインバーターの $Duty$ を決めるのですが，これでは入力電流を正弦波に制御

第13章 力率改善回路

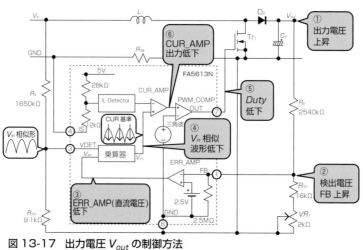

図 13-17 出力電圧 V_{out} の制御方法
（出力電圧が上昇した場合の動作，$R_b = R_{15} + R_{25} + R_{26} + R_{29}$）

できません．その解決法として力率改善ICならではの制御を行います．

それは，図 13-17 のように CUR_AMP の基準電圧（＋入力）は，VDET 端子で検出した「V_{in} に相似形の波形」と ERR_AMP 出力電圧 V_{err} の値に合わせて増減させるのです．具体的には，乗算器（Multiplier）に「V_{in} の相似形の波形 VDET」と「ERR_AMP 出力電圧 V_{err}」を入力し，V_{err} に合わせて音量調整のボリュームのように入力電圧波形 V_{in} の相似形を保ったまま増減させた乗算器の出力波形 V_{in2} を基準電圧として，IL Detector から出てきた電圧を制御するのです．

こうすることで，入力電流 I_{in} を入力電圧 V_{in} の相似形に制御しながら，昇圧電圧 V_{out} も同時に制御できるという原理です．細かい調整方法は，後で説明します．

13-6 制御回路の各端子の定数設定方法

第13-5章で動作原理を説明した力率改善回路を，図13-13に示すようにFA5613Nで構成する場合の定数設定方法を具体的に説明します．

13-6-1 入力電圧波形検出（3番ピン：VDET端子）

入力電圧波形 V_{in}（全波整流波形）を検出し，それを基準として相似形の入力電流に制御する力率改善回路ならではの端子です．入力電圧波形 V_{in} を抵抗分圧してVDET端子に接続します．

VDET端子のピーク電圧推奨値は0.65〜2.4Vなので，入力電圧がAC85〜264V（整流後の電圧は入力整流器の $V_f=1×2$ 個=2Vを引いてピーク値≒118〜371V）でもこの範囲に入るように設定してください．

FA5613Nのアプリケーションには推奨分圧比として，

上側の抵抗値 R_a：下側の抵抗値 $R_{33}=160：1$

$$(R_a \equiv R_1+R_2+R_3+R_4+R_5)$$

となっていますが，実際の応用回路例では，

$R_a：R_{33}=(330[k\Omega]×5本直列)：9.1[k\Omega]=1650[k\Omega]：9.1[k\Omega]≒181：1$

となっています．この定数で実際に計算してみると，

AC85V時は，$118[V] × 9.1[k\Omega] / (1650[k\Omega]+9.1[k\Omega]) ≒ 0.647 < 0.65$〔V〕以上

AC264V時は，$371[V] × 9.1[k\Omega] / (1650[k\Omega]+9.1[k\Omega]) ≒ 2.035 < 2.4$〔V〕以下

と，低めに設定されていることがわかります．VDET端子の絶対最大定格は5Vなので，どんな状態でも5Vを超えて壊れることがないように低めに設定してあります．

また，上側の抵抗値 R_a は，損失を減らす目的で数MΩに設定してください．また，常に高圧が印加する箇所で，さらにサージ電圧が加わる場合もあるので，耐圧を上げる意味で抵抗を直列接続するのが普通です．

VDET端子に入る電圧波形が入力電流波形 I_{in} を制御する基準となるので，

第13章 力率改善回路

VDET端子にノイズが混入すると,それに合わせようと入力電流波形I_{in}を制御してしまうために乱れてしまいます.このノイズを低減する目的で,R_{33}にはコンデンサーC_{12}(50V/0.01μF)を並列接続します.C_{12}の値は,小さいとノイズが混入してしまうのでI_{in}が乱れてしまいますが,大きすぎるとR_aとC_{12}によるフィルターが効きすぎて,VDET端子に入る波形が遅延されて正確な正弦波を再現できなくなります.実際のC_{12}の値は,各自の実機で入力電流波形が崩れない範囲内で,動作がばらついても確実にノイズの影響を受けないように大きめの定数に設定してください.

入力電圧波形V_{in}を検出する方法には,図 13-14 に示すように(a),(b),(c)の方法が使われるので,その特徴を知ったうえで選択してください.

(1) 全波整流の前から検出する方法 -1

この方法は,全波整流後のコンデンサーC_1やパワーサーミスターなどの影響を受けないので,最も正確に入力電圧波形V_{in}を検出できる方法です.しかし,サージ電圧が印加された場合に,検知用ダイオードが壊れないように耐圧の高いものが必要になり,また,全波整流前なので安全規格が厳しくなってダイオード両端のパターン距離も必要ですし,いずれかのダイオードが短絡故障した場合を想定すると,残ったダイオードが焼損する前にヒューズが切れるように,余裕のあるダイオードを選定しておかないと危険なので,正確なV_{in}波形が欲しい場合に注意して使用します.

(2) 全波整流の前から検出する方法 -2

図 13-14(a)の焼損の問題を緩和するために,各ダイオードに高抵抗を付けた構成です.ダイオードは焼損しにくくなるので電流定格の小さなものが使用できますが,パターンの距離が必要なのは変わりませんし,抵抗の数が増えてしまい基板面積を取ってしまうので,それでも正確なV_{in}波形が欲しい場合に使用します.

(3) パワーサーミスターの後段から検知

図 13-14(a)や(b)のダイオードが不要になるので,その分,基板面積を小さくでき,かつ,外来ノイズに対してもパワーサーミスターやC_1が緩和してくれるので強くなります.ただし,普段はパワーサーミスターやC_1でV_{in}波形が鈍るので,それが許容できる電源に使用します.今回は75Wという比較的小電力な

でので，高調波規制も厳しくなく，数 kW 電源ほどこの箇所にお金を投じるわけにもいかないので，安価・小型で高信頼が得られる本方式を採用します．

13-6-2　入力電流検出回路(4番ピン：IS端子) と(5番ピン：ICMP端子)

図 13-15 でわかるとおり，入力電流検出抵抗(R_{38}, R_{39})にはコイルに流れる電流がそのまま流れます．この R_{38}, R_{39} に発生するマイナス電圧を IL Detector で入力電流波形に比例した電圧波形にし，それが VDET 端子の波形と同じになるように制御することで，「入力電流 I_{in} が VDET 端子の電圧波形と相似形」になるようにインバーター電流を制御します．

また，アクティブ回路に大きな電流が流れると，「昇圧コイルの飽和」，「インバーターが電流破壊」，「昇圧ダイオードの電流破壊」が発生するので，これを防止するために IS 端子には過電流保護機能を持たせてあります．

具体的には「正弦波で単純計算した電流値(入力電流のピーク値 $I_{in\,peak} = \sqrt{2} \times$ 入力電流の実効値 $= \sqrt{2} \times$ 電源部過電流時の電力 P/ 最小入力電圧の実効値 $V_{in\,rms}$)」に，「コイルに流れるリップル電流成分」が流れてもアクティブ回路の過電流保護回路が動作しないように大きめに設定してください．

もし，過電流保護動作電圧を超えたマイナス電圧が IS 端子に印加すると，力率改善動作よりも内部の保護を優先して強制的にインバーターをオフさせて，それ以上の電流が流れないように動作するので，入力電流波形が過電流保護動作で一定の値以上は流れないようになります(つまり，正弦波の上下がクランプされた波形になります)．この現象は入力電流波形を測定していればわかります．

この現象は，入力電圧 V_{in} を低下させた場合に顕著に表れます．入力電圧 V_{in} が低下しても電源部への電力は変わらないので，入力電流 I_{in} は増加していきます．アクティブ回路が動作を停止する入力電圧になる前に入力電流波形が多少台形波のようになっても，それ以下に入力電圧が低下するとアクティブ回路は電流を供給しきれなくなり，電流保護回路が解除されて，再び昇圧電圧が上昇して電源部が再起動して再び昇圧電圧を低下させます(つまり，出力電圧が出たり停止したりを繰り返す)．この動作にならないように設定してください．

FA5613N の過電流保護動作電圧は，VDET 端子電圧で変わります．具体的には，

・VDET 端子が 0〜1.2V までは IS 端子に −0.5V(−0.525〜−0.475V)で動作
・VDET 端子が 1.8V より大きくなると IS 端子に −0.4V(−0.432〜−0.368V)

第13章 力率改善回路

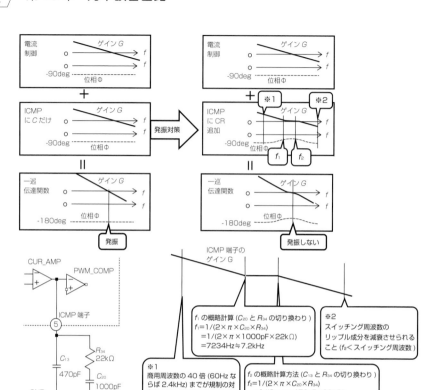

図13-18 ICMP端子のCR設定方法

で動作します．これは，入力電圧 V_{in} が高いほど入力電流 I_{in} は小さくて済むので，よりインバーターを保護できるようにするためです．

ここにもスイッチングノイズが入ると電流アンプ（CUR_AMP）は誤動作するので，CRフィルターを充分効かせるために C_{12} も R_{36} も大きくしたいところですが，IS端子に直列に入れる抵抗 R_{36} は 100Ω以下が推奨されています．R_{36} はIC内部の直流バイアス抵抗12kΩに直列に入るため，あまり大きな抵抗値を入れると設定された12kΩの値からずれてしまい，次のIL Detectorへの入力が狂って，入力電流波形 I_{in} が正弦波からずれてしまいます．応用回路例では R_{36} =100Ω，C_{14}=2200pF でフィルターを構成しています．実際の C_{14} の値は，各自の実機で確認しながら，ちょうど良い定数を決めてください．また，後から過電流設定値を微調整できるように，R_{35} をパターンだけでも用意しておくことをお勧めします．

ICMP 端子は図 13-18 のように,コンデンサー C_{13} を接続して,IS 端子から入ってきたコイルによるスイッチング周期のリップル電圧を平均化して,入力電流 I_{in} を抽出して次段の $Duty$ を決定しているコンパレーター(PWM_COMP)へ入力することで,スイッチング周期のリップルで $Duty$ が乱れないようにする端子です.

ただし,C_{13} だけでは発振してしまいます.それは,C_{13} だけでは 90deg 位相が遅れ,さらに $Duty$ を可変してもコイル電流は 90deg 位相が遅れて変化するので,ゲイン=0dB になる周波数での位相が $-90\text{deg}-90\text{deg}=-180\text{deg}$ となり,発振条件を満たしてしまうからです.それを防止するために,ゲイン=0dB となる周波数近傍の位相を進めるために R_{34} と C_{20} の直列回路を位相補正回路(位相を進める回路)として C_{13} に並列接続します.C_{13} と C_{20} の値を大きく異ならせたほうが位相余裕を大きくできて発振防止には有利ですが,C_{20} を大きくし過ぎると,高次の高調波に対してゲインが不足します.高調波規制は商用周波数の 40 次高調波まで規制値が設けられているので,40 次高調波まで制御する必要があるからです.具体的には,商用周波数が 60Hz の場合ならば 60Hz×40 倍=2.4kHz まで CUR_AMP のゲイン〔dB〕はプラスである必要があります.

また,C_{13} を小さくし過ぎると,スイッチング周波数で駆動されるコイルのリップル電流による電圧を減衰させて,次段の PWM_AMP に入力することができなくなり,入力電流 I_{in} が乱れてしまうという問題があるので,両方を満たす定数に設定する必要があります.具体的な計算方法は図 13-18 を参照してください.

13-6-3 出力電圧制御(1 番ピン:FB 端子)と(2 番ピン:VCMP 端子)

FB 端子へは,昇圧電圧(前述のように,電源の出力電圧と用語が混同しないように,本書では以降力率改善回路の出力を昇圧電圧と呼称します)V_o を抵抗分圧して入力します.抵抗分圧した値(FB 端子電圧)は,制御 IC 内部の基準電圧(V_{ref}=2.5V)と等しくなるように昇圧電圧を制御します.

この部分の電力損失を低減するために分圧抵抗の値は,昇圧電圧側は合計で数 MΩになるように設定します(応用回路例では $R_{15}+R_{25}+R_{26}+R_{29}=2.54\text{MΩ}$).そして,抵抗の耐圧やパターンの沿面距離を得るために直列接続を推奨します.

応用回路例では,昇圧電圧を微調整できるようにボリューム VR_1(2kΩ)を付けていますが,安価にしたい場合は,高精度の抵抗を用いてボリュームをなくしま

第13章 力率改善回路

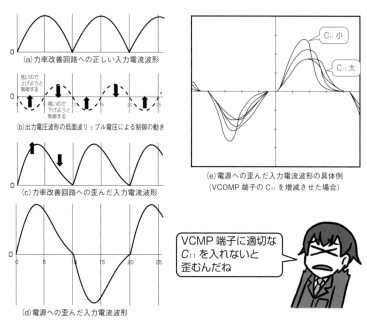

図 13-19 出力電圧リップル波形の影響を受けた入力電流波形の歪み

す.

また,昇圧回路は理論上,昇圧電圧をいくらでも上昇させられるため,もしも「R_{15},R_{25},R_{26},R_{29} の断線」や「FB 端子の接続が外れる」などの故障が発生すると,昇圧電圧を検出できなくなって昇圧電圧の上昇でインバーターや平滑コンデンサーや DC-DC 部側の素子が電圧破壊します.これを防止するために,FA5613N の FB 端子内部には 2.5MΩ の抵抗が内蔵してあり,上記故障が発生しても FB 端子電圧が GND に対して不安定にならず,必ず低下するようになっていて,0.3V 以下になると自動的に制御 IC が停止する保護回路を内蔵しています.そのため,抵抗分圧計算は FA5613N 内部に,「FB 端子と GND 間に 2.5MΩ が入っている」ということを考慮してください(具体的には,R_{31} と VR_1 の直列抵抗値に 2.5MΩ を並列接続した値を求めます).

FB 端子もノイズの混入に弱いので,C_{16}(応用回路では 1000pF)を入れてノイズ混入を低減します.ノイズ混入防止が目的なので,C_{16} は FB 端子と GND 端子にできるだけ近くなるように接続します.

VCMP 端子は,図 13-12 で C_4 に発生してしまう昇圧電圧の低周波リップル ΔV が FB 端子に入ってくることで,図 13-19 の入力電流波形歪みが発生して

制御回路の各端子の定数設定方法

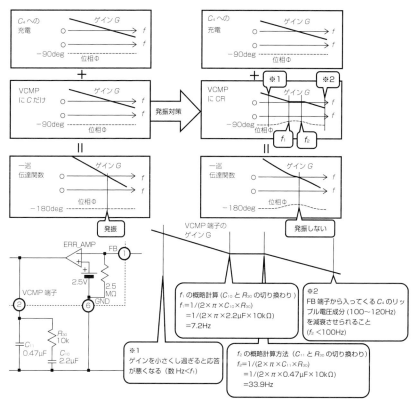

図13-20 VCMP端子のCR設定方法

しまうので，ΔV を減衰させるフィルターを構成しています．

ただし，C_{11} だけでは発振してしまいます．それは C_{11} だけでは 90deg 位相が遅れ，さらにコイル電流の変化に対して平滑コンデンサー C_4 の電圧は 90deg 位相が遅れるので，ゲイン＝0dB になる周波数の位相が $-90\text{deg}-90\text{deg}=-180\text{deg}$ となって発振してしまうからです．それを防止するために，ゲイン＝0dB となる周波数近傍の位相を進める必要があります．そのために，R_{30} と C_{10} の直列回路を位相補正回路（位相を進める回路）として C_{11} に並列接続します．C_{10} と C_{11} の値を大きく異ならせると，位相余裕が取れて発振防止には有利ですが，C_{10} を大きくし過ぎると，昇圧電圧制御の応答が悪くなって動的に不安定になります．その影響で次段の電源部が不安定にならないような保護動作を FA5613N は行いますが，応答が良いほうが動作は安定です．

また，C_{11} を小さくし過ぎると，制御する昇圧電圧には図 13-12 に示すよう

に電源周波数の2倍の周波数のリップル電圧が存在し，これを減衰させなければ図13-20のように入力電流I_{in}が正弦波からかけ離れた波形になってしまいます．だから，電源周波数の2倍の周波数成分はC_{11}で充分に減衰させる必要があります．

以上の問題があるので，両方を満たす定数に設定する必要があります．具体的な計算方法は，図13-19を参照してください．最初にどのような値に設定すればよいのか迷ったら，メーカー推奨値を入れて，動作の安定度や入力電流波形I_{in}を確認しながら動作を理解した上で，ともに満足できるように調整していくのが近道です．

13-6-4　GND(6番ピン：GND端子)

GNDのパターン回しだけで，誤動作したり，不安定になったり，外来ノイズに弱くなったりするので，特にパターン設計者の腕の見せどころです．

このGNDには，8番ピン(V_{CC}端子)への充電電流や7番ピン(OUT端子)からのインバーター駆動電流などの大きな電流が流れることで，パターンのインダクタンス成分に電圧が発生しやすいのに，他の小さな電圧を扱う端子の基準になっているので，パターンに発生する電圧の影響を小さくする工夫が必要となります(具体的には，図13-13のように，小さな電圧を扱う端子のGNDには大きな電流が流れないように意識してください．また，大きな電流が流れるパターンはなるべく太く短く引き回す必要がありますが，パワー部品には大電流が流れているので，ループ内に制御ICを入れてしまうと電磁誘導で誤動作が止まらず，また，パワー部品に近付けると静電誘導で誤動作します)．

13-6-5　インバーター駆動(7番ピン：OUT端子)

インバーターはオンからオフはできるだけ速くします．速くオフしてもインバーターの容量成分C_{oss}やスナバーCで電圧変化が緩やかになるのでノイズが小さいままインバーターの損失を低減できるからです．制御ICの引き込み電流(シンク電流)の定格1.5Aに余裕のある範囲内で，できるだけ大きな電流がオフ方向に流れるように抵抗値を決めます．もし，この電流に余裕がないほどC_{oss}が大きなインバーターを高速で駆動したい場合には，バッファー回路を制御ICの外部に設けてください．

逆にインバーターのオフからオンはC_{oss}とはあまり関係なく素早くオンするため，速すぎるとノイズが大きくなるので，インバーターの損失とのトレードオフで

オン方向の抵抗値を決めます(制御 IC の流し込み電流(ソース電流)に対しては常に余裕があることになります).

また，FA5613N には，インバーターのゲート・ソース間の抵抗でスイッチング周波数を設定できる機能が付いています.

1 抵抗値 4.7kΩ(± 5%)：周波数が 52k〜68kHz(50kHz_{min}〜70kHz_{max})にランダムに変化することで雑音端子電圧の値を低減させることができます.
2 抵抗値 13kΩ(± 5%)：周波数は 65kHz(58.5kHz_{min}〜71.5kHz_{max})固定
3 抵抗値 27kΩ(± 5%)：周波数は 60kHz(54kHz_{min}〜66kHz_{max})固定

雑音端子電圧は低いほうが好まれますが，周波数が変動すると都合の悪い機器もあるので，負荷に応じて使い分けてください．また，周波数が高いほどコイルやフィルター関連が小型化できますが，低いほうが各部の損失が小さくなる場合もあるので，これも設計者が選定してください．

13-6-6　制御 IC 用電源(8 番ピン：V_{CC} 端子)

推奨条件は 18V($10V_{min}$〜$26V_{max}$)です.

しかし，動作開始させるには 13V($11.5V_{min}$〜$14.5V_{max}$)を印加しなくてはならないので，起動時は 14.5V 以上になるようにしてください.

また，停止電圧は 9V($8V_{min}$〜$10V_{max}$)なので，動作中に 10V 以下にならないように設定してください.

第13章 力率改善回路

13-7 臨界モードの基本動作

　今まで説明してきた力率改善回路から,「入力電圧 V_{in} の相似形」と「入力電流の相似形」の検出がなくても,力率改善も昇圧電圧も制御できる方式を説明します.
　それは,コイル電流を必ずゼロにしてからインバーターをオンさせているため,スイッチング周波数が入力や出力で変化する「臨界モード」という方法です(**第13-6章**までで説明してきた方式は,これに対して「連続モード」と呼称されます).
　ただし,次の(1)～(3)の基礎知識を理解してから動作説明を読んでください.

(1) 三角波の平均値とピーク値

　図13-21 を見てください.「毎回ゼロからスタートする連続した三角波」は,どのような周期(周波数)や $Duty$ の三角波でも平均値の2倍がピーク値になるのです.そして,このようなコイル電流になる動作を臨界モードといいます.

(2) オン時間 T_{on} 一定の場合の動作

　臨界モードで「オン時間 T_{on}」が一定ならば,「コイルに流れる電流のピーク値 $I_{in\,peak}$」は「入力電圧 V_{in} に比例」することは,コイルの基本式「$LI=VT$」から容易に理解できると思います.つまり,入力電圧 V_{in} が正弦波ならば,入力電流 I_{in} も自動的に正弦波になるということです.念のため式で表すと,

$$I_{in\,peak}[\mathrm{A}] = \frac{VT}{L} = V_{in}[\mathrm{V}] \times \frac{T_{on}[\mu\mathrm{s}]}{L[\mu\mathrm{H}]}$$

$$= (V_{in\,peak}[\mathrm{V}] \times \sin\omega t) \times \frac{T_{on}[\mu\mathrm{s}]}{L[\mu\mathrm{H}]}$$

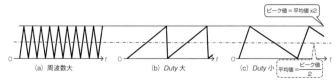

図13-21　ゼロからの三角連続波は,平均値の2倍がピーク値

臨界モードの基本動作

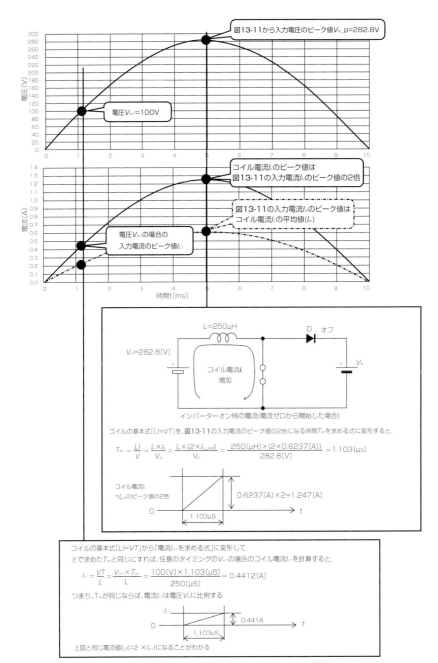

図 13-22　図 13-11 と同じ電流を得るための T_{on}

第13章　力率改善回路

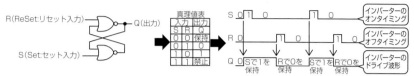

図13-23　RSフリップフロップ回路の動作

$$= V_{in\,peak}[\text{V}] \times \frac{T_{on}[\mu\text{s}]}{L[\mu\text{H}]} \times \sin\omega t$$

$$(ただし，入力電流 I_{in} = \frac{I_{in\,peak}}{2})$$

となります．

具体例で示すため，**図13-11**と同じ入力電圧・電流波形になるオン時間 T_{on} を計算します．

コイルのインダクタンスに $250\mu\text{H}$ のものを使用した場合は，

$$T_{on}[\mu\text{s}] = \frac{LI}{V} = \frac{L[\mu\text{H}] \times I_{in\,peak}[\text{A}] \times 2}{V_{in}[\text{V}]}$$

$$= \frac{250[\mu\text{H}] \times 0.6237[\text{A}] \times 2}{282.8[\text{V}]} = 1.103[\mu\text{s}]$$

となりますので，1周期の間，このオン時間 T_{on} を保っていれば，**図13-22**に示すように，入力電流波形は**図13-11**と同じ電流波形を流すことができます．

(3) RSフリップフロップ回路

臨界モード制御回路には，一定周波数の三角波発振器は内蔵していません．その代わりインバーターのオン／オフは，**図13-23**に示す「RSフリップフロップ回路」で行えることが多いので，これの説明をします．

図13-23(a) のように，NOR回路(OR回路の出力反転)を2個で構成できます(またはNAND回路でも構成できます)．

簡単に動作を説明すれば，インバーターをオンさせたいタイミングで信号をSに入力して，オフさせたいタイミングで信号をRに入力すれば，その間インバーターはオン状態を維持し続けます．

基礎知識が付いたところで，力率改善回路動作と昇圧電圧制御動作を同時に行う制御回路の基本動作を前回と同様に富士電機の臨界モード制御 IC FA5601N を用いて説明します．その基本回路を**図13-24**に示し，各部波形を**図13-25**

臨界モードの基本動作

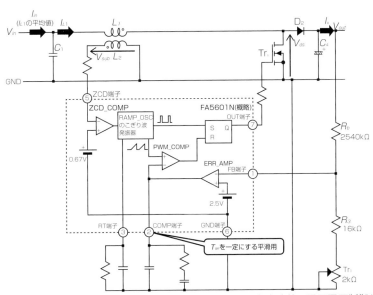

図 13-24 臨界モードの基本回路(FA5601N の概略図：力率改善と昇圧電圧制御だけ)

に示します(注意：図 13-24 は説明を容易にするために力率改善と昇圧電圧制御以外の動作は省いてあるので，異常時は正常動作しません)．

t_1. インバーターがオンすると，コイル電流はゼロから上昇していきます．また，インバーターがオンするタイミングでのこぎり波発振器(RAMP_OSC)の出力 V_{ramp} が上昇します．

t_2. ランプ発振器出力 V_{ramp} と，昇圧電圧制御用 ERR_AMP の出力 V_{comp} を PWM_COMP が比較し，$V_{ramp} > V_{comp}$ でインバーターはオフし，のこぎり波発振器の出力は低下します．インバーターがオフすると，L_1 の電圧は反転し，D_2 を通して出力側へ電流を供給しながら L_1 の電流は減少していきます．また，この間，補助巻線 L_2 の電圧も反転しプラスの電圧が発生します．

t_3. L_1 の電流が完全にゼロに戻ると，L_1 の電圧は回路中の寄生コンデンサーと共振して急速に低下していきます．同時に L_1 に設けた補助巻線 L_2 の電圧 V_{sub} も比例して低下していきます．

t_4. この V_{sub} が内部の基準電圧(0.67V)まで低下すると，ゼロ電流検出器(ZCD_COMP)の出力が Low になり，のこぎり波発振器からパルスが RS フリップフロップの S へ出力されて，インバーターを再びオンさせることで，t_1 の状態に戻ります．

第13章 力率改善回路

OUT端子(インバータードライブ) — RSフリップフロップの出力Q

TrのV_{ds}波形

コイル電流I_{L1}

PMW_COMPの各入力波形 — −入力:ERR_AMP出力(V_{comp})(昇圧電圧制御信号)
+入力:のこぎり波(V_{ramp})(インバータオンと同時に上昇)

PMW_COMPの出力波形

昇圧コイルの補助巻線L_2電圧V_{sub} — RSフリップフロップのRへ入力

ZCD_COMPの出力波形

のこぎり波発振器(RAMP_OSC)からのパルス — RSフリップフロップのSへ入力

t_1 t_2 t_3 t_4

図13-25 臨界モードの基本回路の各部波形

この$t_1 \sim t_4$の動作を繰り返すことで,臨界モードでのスイッチングを継続します.

このように,各タイミングが入力電圧・電流や出力電圧・電流の瞬時値によって変化するのに合わせてスイッチング周波数は変化します.

13-8 連続モードと臨界モードの比較

連続モードと臨界モードの2種類の方法が混在して使用されるのは,お互いに長所短所があるからです.どちらを選択するかは,電源の負荷に要求される性能できまります.

13-8-1 連続モードを選択する理由

①発振周波数が一定

これが最も大きな選定理由になることがあります.臨界モードでは発振周波数が変動するので,ある入出力条件のときだけノイズが干渉して不具合を生じるこ

とがありますが，連続モードならばノイズの周波数が変わらないので，その帯域だけ対策を取っておけば負荷への悪影響を少なくできるという利点があります．
② 電流のピーク値を小さくできる

　臨界モードでは，常に入力電流の 2 倍のピーク電流がコイルに流れます．それに対して連続モードはそれ以下のピーク電流なので，インバーターの定格電流の小さなものが使用できたり，昇圧整流ダイオードに流れる電流のピーク値を小さくできるという利点があります．
③ 電流の実効値を小さくできる

　② と被りますが，実効値も小さくできるので，インバーターのオン損失を小さくすることができます．
④ リップル電流定格も小さくなるので，力率改善回路前のコンデンサーや，出力平滑コンデンサーへのリップル電流が減り，リップル電流定格に対する余裕やリップル電流による損失を減らすことができる
⑤ 雑音端子電圧のノーマルモードノイズを小さくできる

　④ と被りますが，リップル電流によって発生するノーマルモードノイズ（ディファレンシャルモードノイズ）が小さくなるので，臨界モードを採用した場合に必要なノイズフィルターよりも小さなノイズフィルターでよくなります．
⑥ 同期が取れる

　他のスイッチング電源と周波数が干渉して，それぞれのスイッチング周波数の差の成分で出力ノイズが大きくなったり，雑音端子電圧が大きくなったりするのを防止するために，同期を取って，同じかもしくは整数倍の周波数で駆動することによって差の成分をなくすことができます．もちろん，力率改善用インバーターと電源部のインバーターのスイッチング周波数を同期させることで，相互の干渉をなくすことができます．
⑦ インターリーブ動作が容易

　数 kW クラスの電源を作る場合，2 組の力率改善回路を π [rad] の位相差で駆動することで，その前後のコンデンサーへのリップル電流の打ち消し効果が表れて，コンデンサーを小さくすることができ，同時にラインフィルターも小型化できます．また，2 個に分割できるため，小型のコイルが使用できるようになり，薄型の電源が作れます．インターリーブ動作専用の制御 IC も製品化されているので，数 kW の力率改善回路も作りやすくなってきたと思います．もちろん，2 組以上の n 組のインバーターを $2\pi/n$ [rad] の位相差で駆動することで，さらなるハイパワー化が可能です．

第13章 力率改善回路

まとめると，ノイズの周波数一定が求められる場合や，数百 W 以上の電源が欲しい場合に使用すると有利になる条件が揃っています．

13-8-2 臨界モードを選択する理由

①入力電圧 V_{in} の検出不要

　入力電圧波形を検出するために，大きな抵抗値の抵抗器を何本も直列接続する必要がなくなります．これらの抵抗には高圧が印加するので，それなりにパターン幅も必要になるので基板面積を取ってしまいます．また，入力電圧波形検出用の VDET 端子をなくすことができるので，制御 IC のピン数も減らすことができます．また，図 13-14(a)〜(c) のどれにしようかと迷うこともなくなります．

②入力電流 I_{in} の検出不要

　連続モードでは入力電流を検出するために，コイル電流の流れる箇所に検出抵抗を設置する必要がありましたが，臨界モードではそもそも入力電流波形を検出する必要がないので，インバーターのソース側に過電流検出抵抗を付けるだけでよくなるため，電流検出用の抵抗損失が少なくなります．また，カレントトランスを使用しなくてはいけないハイパワーでも，2 個使用する必要はなくなります．

③スイッチングノイズを小さくできる

　インバーターがオンする直前の昇圧整流ダイオードに流れている電流値はゼロなので，ダイオードリカバリによるノイズが低減します．相対的に連続モードよりも出力ノイズも低減でき，かつ，電界強度も小さくすることができます．

④オン直前の電圧を小さくできる

　昇圧整流ダイオードがオフすると，インバーターの電圧が振動によって入力電圧以下に低減してくるので，インバーターオン直前の電圧値が小さくなることで，オフからオンへのスイッチング損失を減らせるため，相対的に連続モードよりも静電容量の大きなインバーター素子や，大きめの CR スナバー回路を使用することができると同時に，オフからオン時のノイズも低減するので，これに起因する出力ノイズや電界強度を小さくすることができます（入力電圧が AC200V 以上の場合はオン直前の電圧も上昇してこれらの効果が低減しますが，入力電流は低減するので電流による損失が低減し，全体として問題にならない場合が多い）．

　まとめると，ノイズのピーク値が小さいことが求められる場合や，数百 W 以下の電源を小型化したい場合に使用すると，有利になる条件が揃っています．

監修のことば

　最後のアナログ電子回路として残っていた電源回路にもデジタル化の波が押し寄せ，マイコンを制御回路とする電源が主流を占めようとしています．

　しかしデジタルとは符号化であり，電子の挙動としてはアナログ回路の一種であるパルス回路です．

　電圧，電流，電力，抵抗，コンデンサー，インダクターを自由に操ることができたら電子回路のプロです．

　今や電子回路設計はICの設計部署のものになった感があり，機器の設計者はブラックボックスをつなぐだけとなってきましたが，競合に勝つためにはブラックボックスの周辺やパワー回路にアイデアを注ぎ，良い物を作っていかなければなりません．

　本書はスイッチング電源の設計解説書ですが，アナログ回路の基礎的なところから説明をしていますので，読者のアナログ設計技術のレベルを確実に上げてくれるものです．

　今回，第13章「力率改善回路」を増補し，電源の入り口から出口までを完結していますので，入門書として読者の皆様の大きな助けになると信じております．

　　　　　　　　　　　元　コーセル(株)代表取締役社長・会長
　　　　　　　　　　　現　CSポート(株)代表取締役社長
　　　　　　　　　　　　　　　　　　町野利道

索引

数字
0%デューティー ・・・・・・・・・・・・・・・・・ 119
1次側制御回路 ・・・・・・・・・・・・・・・・・ 108
1次巻線 ・・・・・・・・・・・・・・・・・・・・・・・・・ 72
2次側制御回路 ・・・・・・・・・・・・・・・・・ 123
2次巻線 ・・・・・・・・・・・・・・・・・・・・・・・・・ 74
2石方式 ・・・・・・・・・・・・・・・・・・・ 219, 220

アルファベット順

A
AC-ACインバーター ・・・・・・・・・・・・・・ 36
AC-DCコンバーター ・・・・・・・・・・・・・・ 34
ANSI規格 ・・・・・・・・・・・・・・・・・・・・・・・ 66
A種絶縁 ・・・・・・・・・・・・・・・・・・・・・・・ 153

B
B種絶縁 ・・・・・・・・・・・・・・・・・・・・・・・ 153
B定数 ・・・・・・・・・・・・・・・・・・・・・・・・・・ 56

C
converter ・・・・・・・・・・・・・・・・・・・・・・・ 34
CTI ・・・・・・・・・・・・・・・・・・・・・・・・・・・・ 68

D
dB・μV ・・・・・・・・・・・・・・・・・・・・・・・・ 136
DC-ACインバーター ・・・・・・・・・・・・・・ 36
DC-DCコンバーター ・・・・・・・・・・・・・・ 34
$Duty$ ・・・・・・・・・・・・・・・・・・・・・・・・・ 165

E
E種絶縁 ・・・・・・・・・・・・・・・・・・・・・・・ 153

F
F(ファラッド) ・・・・・・・・・・・・・・・・・・・・ 16
FB端子 ・・・・・・・・・・ 233, 239, 240, 241, 247
FMEA ・・・・・・・・・・・・・・・・・・・・・・・・・ 150
FG ・・・・・・・・・・・・・・・・・・・・・・・・ 58, 216
F種絶縁 ・・・・・・・・・・・・・・・・・・・・・・・ 153

G
GND端子 ・・・・・・・・・・ 233, 240, 242, 247

H
Hazardous Voltage ・・・・・・・・・・・・・ 38
H種絶縁 ・・・・・・・・・・・・・・・・・・・・・・・ 153

I
ICMP端子 ・・・・・・・・・・・・・・・・・・ 237, 238
inverter ・・・・・・・・・・・・・・・・・・・・・・・・ 36
IS端子 ・・・・・・・・・・ 232, 233, 237, 238, 239

J
JIS C3202 ・・・・・・・・・・・・・・・・・・・・・・ 66
JIS規格 ・・・・・・・・・・・・・・・・・・・・・・・・ 66

L
LCAシリーズ ・・・・・・・・・・・・・・・・・・・・ 41
LFAシリーズ ・・・・・・・・・・・・・・・・・・・・ 42
LGAシリーズ ・・・・・・・・・・・・・・・・・・・・ 42

M
Magnet Wire ・・・・・・・・・・・・・・・・・・・・ 66

N
NEMA ・・・・・・・・・・・・・・・・・・・・・・・・・・ 66
NEMA規格 ・・・・・・・・・・・・・・・・・・・・・・ 66
n次高調波 ・・・・・・・・・・・・・・・・・・・・・ 185

O
OUT端子 ・・・・・・・・・・・・ 233, 242, 247, 248

P
PID制御 ・・・・・・・・・・・・・・・・・・・・・・・ 130

Q
Q(Quality factor) ・・・・・・・・・・・・・・・ 135

R
RSフリップフロップ回路 ・・・・・ 246, 247, 248

U
UEW ・・・・・・・・・・・・・・・・・・・・・・・・・・・ 66
UL510FR ・・・・・・・・・・・・・・・・・・・・・・・ 68
UL746A ・・・・・・・・・・・・・・・・・・・・・・・・ 68
UL規格 ・・・・・・・・・・・・・・・・・・・・・・・・・ 66

V
VCMP端子 ・・・・・・・・・・・・・・・ 239, 240, 241
VDET端子 ・・・・・・・・・ 231, 233, 234, 235, 236, 237, 250

Y
Yコンデンサー ・・・・・・・・・・・・・・・・・・・ 59

五十音順

あ
アクティブ型力率改善回路 ・・・・・・・・・・・・ 174
アクティブフィルター ・・・・・・・ 178, 215, 218, 219, 221
アブノーマル試験 ・・・・・・・・・・・・・・・・ 150
アブノーマル対策 ・・・・・・・・・・・・・・・・ 161
安全規格 ・・・・・・・・・・・・・・・・・・・・ 49, 236
安定電位 ・・・・・・・・・・・・・・・・・・・・・・・・ 77

い
位相余裕 ・・・・・・・・・・・・・・・ 128, 239, 241
一巡伝達関数 ・・・・・・・・・・・・ 130, 238, 241
インダクタンス値 ・・・・・・・・・・ 86, 215, 218
インバーター ・・・・・・・・・・・・・・・・・・ 94, 96

インバーターオフ期間 ･････････････101

う
渦電流････････････････70, 87, 88, 202
渦電流損失････････････････････････70

え
沿面距離････････････91, 128, 231, 239

お
オクターブ･････････････････････133
オン損失･･････94, 96, 222, 223, 225, 249
オン抵抗････････････96, 222, 223, 225

か
肩電圧････････････････････････････83
過電圧保護･･･････････120, 129, 161
過電流保護回路･･･････118, 120, 161, 237
過熱保護回路････････････････････158
雷サージ電圧･･･････････････55, 231
カレントトランス･･･････156, 232, 250
間欠動作･･････････････････････121
乾電池･･･････････････････････････24

き
危険電圧･･････････････････････････38
擬似電源回路網･････････････････136
起動回路････････････････････････108
起動電圧････････････････････････114
起動前電流･････････････････････109
基本周波数･････････････････････185
逆L垂下特性･････････････････････121
逆電圧･･･････････････････････82, 222
逆方向････････････････････････････23
ギャップ材････････････････････････86
級数･･･････････････････････････185
筐体････････････････････････････58
曲線部分･･･････････････････････101
近接効果･･････････････････87, 202, 205

く
空間距離･････････････････････････91
偶発故障････････････････････････150
矩形波･･････････････････166, 179, 192
矩形波近似･････････････････････95
グレイン･････････････････････････70
クロス損失･････････････････････97, 100

け
経年変化･･･････････････････････126
検出回路･･･････････････････････140
減衰振動･･･････････････････････176
減衰量･････････････････････134, 140, 145

こ
コアサイズ･･････････････････････71
コイル･･･････････････････････17, 20
硬磁性材料･･････････････････････67
降圧型･････････････････････････29, 31
降圧チョッパー･･･････218, 221, 222, 223
高温過負荷出力試験････････････153
高周波リップル電流･････････62, 179
構成部品･･･････････････････････66
高入力電圧試験･････････････････155
交流安定化電源･････････････････36
交流入力･･････････････････････34, 36
交流入力電圧･････････････････････37
コーセル･･･････････････････････42
コネクター･････････････････････47
コンデンサー･･･････････････13, 20, 177
コンデンサーインプット･･････177, 210~216, 220

さ
最大Duty･･････････････････････116
雑音端子電圧･･････････････138, 243, 249
雑音端子電圧(コモンモード)･････143
雑音端子電圧(ノーマルモード)･･･140
雑音電界強度･･･････････････････147
サブ巻線･･･････････････････････114
三角波･･････････････166, 180, 195, 232, 234, 244, 246
残留損失････････････････････････70

し
磁気結合････････････････････････76
指数関数･･･････････････････････175
磁性体････････････････････････････17
磁束密度････････････････････52, 86
実効値･･････44, 164, 166, 172, 173, 175, 177, 211, 212, 228, 237, 249
実効値計算･････････････････････166
時定数･････････････････････････175
時比率･･････････････････････165, 211
シャシー･･･････････････････････58
周期T･･････････････････････････184
収束･･･････････････････････････185
出力電圧･･･････････････････････38
出力電力･･･････････････････････39
寿命････････････････････････････61
循環電流････････････････････････69
準尖頭値･･･････････････････････139
順方向････････････････････････････23
昇圧型･････････････････････････29, 32
昇圧チョッパー･･････218, 223, 224, 225, 226, 227, 230, 233
昇降圧型･････････････････････29, 31
昇降圧チョッパー････････223, 224, 226

初期故障 ・・・・・・・・・・・・・・・・・・・・・・・・・・・・ 150

す
スイッチ ・・・・・・・・・・・・・・・・・・・・・・・・・・・・・・ 21
スイッチ素子 ・・・・・・・・・・・・・・・・・・・・・・・・・・ 21
スイッチドキャパシター ・・・・・・・・・・・・・・・・ 27
スイッチング電源 ・・・・・・・・・・・・・・・・・・ 12, 26
スナバー ・・・・・・・・・・・・・・・・ 90, 217, 242, 250
スローブロー型 ・・・・・・・・・・・・・・・・・・・・・・・・ 48

せ
制御系 ・・・・・・・・・・・・・・・・・・・・・・・・・・ 108, 220
正弦波 ・・・・・・・・ 166, 173, 176, 181, 211, 213,
　　　　　214, 227, 230, 231, 232, 233,
　　　　　236, 237, 238, 242, 244
静電結合 ・・・・・・・・・・・・・・・・・・・・・・・・・・・・ 127
静電容量 ・・・・・・・・・・・・・・・・・・・・・・・・・ 16, 250
セカンダリー ・・・・・・・・・・・・・・・・・・・・・・・・・ 74
積層セラミック ・・・・・・・・・・・・・・・・・・・・・・ 89
積分制御 ・・・・・・・・・・・・・・・・・・・・・・・・・・・・ 130
絶縁 ・・・・・・・・・・・・・・・・・・・・・・・・・・・・・・・・・ 31
絶縁種 ・・・・・・・・・・・・・・・・・・・・・・・・・・・・・・ 153
絶縁体 ・・・・・・・・・・・・・・・・・・・・・・・・・・・・・・・ 13
絶縁テープ ・・・・・・・・・・・・・・・・・・・・・・・・・・・ 68
接地箇所 ・・・・・・・・・・・・・・・・・・・・・・・・・・・・・ 60
接地コンデンサー ・・・・・・・・・・・・・・・・・ 58, 90
接地方法 ・・・・・・・・・・・・・・・・・・・・・・・・・・・・・ 60
セメント抵抗 ・・・・・・・・・・・・・・・・・・・・・・・・ 157
尖頭値 ・・・・・・・・・・・・・・・・・・・・・・・・・・・・・・ 165

そ
相間コンデンサー ・・・・・・・・・・・・・・・・・・・・ 49
相似形 ・・・・・・・・・・・・・・・・・・・ 229, 231, 233,
　　　　　　　　　　234, 235, 237, 244
ソフト磁性材料 ・・・・・・・・・・・・・・・・・・・・・・ 67
損失計算 ・・・・・・・・・・・・・・・・・・・・・・・・・・・・・ 84

た
耐圧試験 ・・・・・・・・・・・・・・・・・・・・・・・・・・・・・ 90
ダイオード ・・・・・・・・・・・・・・・・ 23, 161, 222
台形波 ・・・・・ 95, 172, 180, 193, 213, 214, 237
耐圧 ・・・・・・・・・・・・・・・・・・・・ 82, 216, 235, 236
タイムラグ型 ・・・・・・・・・・・・・・・・・・・・・・・・・ 48
立ち上がり時間 ・・・・・・・・・・・・・・・・・・・・・ 193
立ち下がり時間 ・・・・・・・・・・・・・・・・・・・・・ 193
タンク ・・・・・・・・・・・・・・・・・・・・・・・・・・・・・・・ 15
短絡状態 ・・・・・・・・・・・・・・・・・・・・・・・・・・・・ 159
短絡電流低減 ・・・・・・・・・・・・・・・・・・・・・・・・ 121
短絡投入試験 ・・・・・・・・・・・・・・・・・・・・・・・・ 159
短絡放置試験 ・・・・・・・・・・・・・・・・・・・・・・・・ 160

ち
遅延型 ・・・・・・・・・・・・・・・・・・・・・・・・・・・・・・・ 48
調光器 ・・・・・・・・・・・・・・・・・・・・・・・・・・・・・・ 173

直流安定化電源 ・・・・・・・・・・・・・・・・・・・・・・ 34
直流重量 ・・・・・・・・・・・・・・・・・・・・・・・・・・・・ 174
直流入力 ・・・・・・・・・・・・・・・・・・・・・・・・・ 34, 36
直列サンドイッチ ・・・・・・・・・・・・・・・・・・・・ 69
チョッパー回路 ・・・・・・・・・・・・・・・・・・・・・ 221

つ
ツェナーダイオード ・・・・・・・・・・・・・・・・ 161

て
ディケード ・・・・・・・・・・・・・・・・・・・・・・・・・・ 132
停止電圧 ・・・・・・・・・・・・・・・・・・・・・・・ 114, 243
低周波成分 ・・・・・・・・・・・・・・・・・・ 60, 220, 227
低周波リップル電圧 ・・・・・・・・・・・・・・・・・ 229
低周波リップル電流 ・・・・・・・・・・・・・・ 61, 177
低入力電圧試験 ・・・・・・・・・・・・・・・・・・・・・ 156
鉄損 ・・・・・・・・・・・・・・・・・・・・・・・・・・・・・ 70, 73
デッドタイム ・・・・・・・・・・・・・・・・・・・・・・・・ 222
デューティー ・・・・・・・・・・・・・・・・・・・・ 165, 166
電圧源 ・・・・・・・・・・・・・・・・・・・・・・・・・・・・・・ 112
電位差 ・・・・・・・・・・・・・・・・・・・・・・・・・・・・・・・ 79
電解コンデンサー容量抜け状態試験 ・・・ 154
電気エネルギー ・・・・・・・・・・・・・・・・・・ 16, 20
電圧源 ・・・・・・・・・・・・・・・・・・・・・・・・・・・・・・・ 24
電源インピーダンス安定化回路網 ・・・・・ 136
電波吸収材 ・・・・・・・・・・・・・・・・・・・・・・・・・・・ 70
電流源 ・・・・・・・・・・・・・・・・・・・・・・・・・・ 25, 112
電力 ・・・・・・・・・・・・・・・・・・・・・・・・・・・・・・・・・ 16
電力の瞬時値 ・・・・・・・・・・・・・・・・・・・・・・・ 227

と
等価容量 ・・・・・・・・・・・・・・・・・・・・・・・・・・・・・ 77
透磁率 ・・・・・・・・・・・・・・・・・・・・・・・・・・・・・・ 203
銅損 ・・・・・・・・・・・・・・・・・・・・・ 69, 73, 197, 216
導体 ・・・・・・・・・・・・・・・・・・・・・・・・・・・・・・・・・ 17
導電率 ・・・・・・・・・・・・・・・・・・・・・・・・・・・・・・ 203
突入電流 ・・・・・・・・・・・・・・・・・・ 48, 56, 223, 224
ドライブ回路 ・・・・・・・・・・・・・・・・・・・・・・・・ 117
トランス ・・・・・・・・・・・・・・・・・・・・・・・・・・・・・ 80
トランス飽和 ・・・・・・・・・・・・・・・・・・・・・・・・ 104

な
中足ギャップ ・・・・・・・・・・・・・・・・・・・・・・・・・ 87
軟磁性材料 ・・・・・・・・・・・・・・・・・・・・・・・・・・・ 67

に
入力オンオフ繰り返し試験 ・・・・・・・・・・・ 157
入力コネクター ・・・・・・・・・・・・・・・・・・・・・・ 47
入力整流器 ・・・・・・・・・・・・・・・ 54, 227, 231, 235
入力電解コンデンサー ・・・・・・・・・・・・・・・・ 61
入力電流 ・・・・・・・・・・・・・・・・・・・・・・・・・・・・・ 44
入力電力 ・・・・・・・・・・・・・・・・・・・・・・・・・・・・・ 44
入力変動 ・・・・・・・・・・・・・・・・・・・・・・・・・・・・ 126

ね
熱抵抗･････････････････････ 55, 84
熱暴走･･･････････････････ 96, 153

の
ノイズフィルター･･･････････････ 70, 249
ノモグラム･･････････････････････189

は
ハード磁性材料･････････････････ 67
ハイカットフィルター･･･････････････134
バイファイラ巻･････････････････ 69
バックコンバーター･････････････････ 29
バックブーストコンバーター･････････････29
発散･････････････････････････185
発振回路･････････････････････116
発振周波数･････････････････ 116, 248
発生源･･･････････････････ 140, 143
パワーサーミスター･･･････ 56, 157, 231, 236
半導体スイッチ･･･････････････････ 21

ひ
ピーク値･･････････････････ 46, 165, 166
ヒステリシス･･････････････････････114
ヒステリシス損失･･･････････････････ 70
ヒステリシスループ･･･････････････ 70
微分制御･･････････････････････130
ヒューズ･････････････････ 48, 216, 236
比誘電率･････････････････････ 68
表皮効果･･････････････････ 202, 203
表皮深さ･････････････････････203
比例制御･････････････････････130

ふ
ブーストコンバーター･･･････････････ 29
フーリエ級数･････････････････････185
フーリエ級数展開･････････････････185
フェライトコア･････････････････ 67
フォトカプラー･････････････････128
負荷変動･････････････････････126
負帰還･･････････････････････127
フの字垂下特性･････････････････121
部品･････････････････････ 12
プライマリー･････････････････ 72
ブリーダー抵抗･････････････････ 90
分圧比･････････････････ 134, 235

へ
平滑部･････････････････ 85, 210
平均値･･････････ 45, 139, 165, 166, 211, 228,
229, 233, 244, 245, 247
並列サンドイッチ･････････････････ 69
べき乗･････････････････････132
変換効率･･････････････････ 126, 128

ほ
片相接続･････････････････････ 58

ほ
放電終止電圧･････････････････ 62
放電抵抗･････････････････････ 50
放熱････････････････････････ 84
防爆弁･･････････････････････154
飽和････････ 52, 86, 215, 218, 232, 233, 237
飽和計算･･･････････････････ 52, 218
保持時間･･････････････････ 62, 216
ポリウレタン銅線･････････････････ 66

ま
巻線････････････････････････ 66
マグネットワイヤ･････････････････ 66
摩耗故障･････････････････････150

む
無通風試験･･････････････････････158

も
漏れインダクタンス･･･････････････ 52, 103
漏れ磁束･････････････････････ 87

ゆ
誘電体･･･････････････････････ 13

よ
容量損失････････････････････ 98

ら
ラインフィルター･････････････ 51, 52, 249
ラッチ停止･･････････････････････121

り
リセット･･･････････････ 102, 232, 233, 246
理想的なスイッチ･････････････････ 21
リッツ線････････････････････206
リップル電流･････････ 61, 177, 237, 239, 249
粒塊････････････････････････ 70
両相接続･･････････････････････ 59
臨界モード･････････････ 85, 180, 244, 247,
248, 249, 250
リンギングチョークコンバーター･･････････156

る
累乗･･･････････････････････132

れ
励磁電流･･･････････････････ 95, 101
連続モード･･･････････ 180, 244, 248, 249, 250

ろ
漏洩電流････････････････････ 58

255

著者
前坂昌春（まえさか　まさはる）
　　コーセル株式会社　技術主任
　1959年　富山県富山市に生まれる
　1981年　金沢工業大学工学部卒業
　　　　　コーセル株式会社でスイッチング
　　　　　電源の開発に携わる
　　趣味　美術鑑賞　音楽鑑賞

イラスト
前坂桃子（まえさか　ももこ）
　1995年　岡山県倉敷市に生まれる
　　趣味　美術

監修
町野利道（まちの　としみち）
　　コーセル株式会社　取締役会長
　1947年　富山県富山市に生まれる
　　　　　コーセル株式会社で25年間ス
　　　　　イッチング電源の開発に携わる
　　趣味　登山　オーディオ自作

第13章　協力
富士電機株式会社電子デバイス事業本部
野村一郎（のむら　いちろう）
城山博伸（しろやま　ひろのぶ）

イラストでよくわかる電源回路の理論と実践
増補改訂版スイッチング電源設計基礎技術

2019年2月22日　発　行　　　　　　　　　　　　　　　NDC541

著　者　　前坂昌春
監　修　　町野利道
発行者　　小川雄一
発行所　　株式会社誠文堂新光社
　　　　　〒113-0033　東京都文京区本郷3-3-11
　　　　　電話　03-5800-3612（編集）
　　　　　　　　03-5800-5780（販売）
　　　　　http://www.seibundo-shinkosha.net/

印　刷　　広研印刷株式会社
製　本　　和光堂株式会社

©2019　MAESAKA Masaharu.
Printed in Japan　検印省略
万一、落丁乱丁本の場合はお取り替えいたします。
本書掲載記事の無断使用を禁じます。

本書のコピー、スキャン、デジタル化等の無断複製は、著作権法上での例外を除き、禁じられています。本書を代行業者等の第三者に依頼してスキャンやデジタル化することは、たとえ個人や家庭内での利用であっても著作権法上認められません。

JCOPY　<（一社）出版者著作権管理機構　委託出版物>
本書を無断で複製複写（コピー）することは、著作権法上での例外を除き、禁じられています。本書をコピーされる場合は、そのつど事前に（一社）出版者著作権管理機構（電話 03-5244-5088／FAX 5244-5089／e-mail: info@jcopy.or.jp）の許諾を得てください。

ISBN978-4-416-61909-4